典藏版 / 21

数林外传 系列

跟大学名师学中学数学

代数不等式的证明

◎单 墫 著

U0271100

中国科学技术大学出版社

内 容 简 介

本书主要讨论代数不等式的证明,共 6 章.第 0 章介绍预备知识,第 1~4 章分别介绍含两个字母的不等式、含三个字母的不等式、含四个字母的不等式、含 n 个字母的不等式,第 5 章介绍最大与最小.本书的特点是将重点放在如何寻求不等式的证明上,在分析、思索过程方面做了详细介绍.

本书适合中学数学教师和对代数不等式感兴趣的中学生.

图书在版编目(CIP)数据

代数不等式的证明/单墫著. —合肥:中国科学技术大学出版社,2017.4(2024.1 重印)
(数林外传系列:跟大学名师学中学数学)
ISBN 978-7-312-03947-8

Ⅰ.代… Ⅱ.单… Ⅲ.不等式—青少年读物 Ⅳ.O178-49

中国版本图书馆 CIP 数据核字(2017)第 047397 号

出版	中国科学技术大学出版社
	安徽省合肥市金寨路 96 号,230026
	http://press.ustc.edu.cn
	https://zgkxjsdxcbs.tmall.com
印刷	合肥市宏基印刷有限公司
发行	中国科学技术大学出版社
经销	全国新华书店
开本	880 mm×1230 mm 1/32
印张	6.125
字数	140 千
版次	2017 年 4 月第 1 版
印次	2024 年 1 月第 4 次印刷
定价	28.00 元

前　言

这本书讨论代数不等式的证明,是提供给高中师生的课外读物.

代数不等式中,出现的式子都是整式、分式或根式.

国内写不等式的书已经很多,我们不想重复别人已经写过的内容,更不奢望本书成为包罗所有不等式的百科全书.我们将重点放在如何寻求不等式的证明上,在分析、思索方面多下了一些功夫,有的内容还请了几位师生共同讨论.

为方便读者使用,我们将不等式统一编写序号,又按照其中字母的个数分章,在内容较多的章(如第2章),按照整式、分式、根式等分节,这也算一种尝试吧.

一个不等式的证明,往往会有多种方法.我们不但要找到一种证法,而且希望找到最好的证法.著名数学家 P. Erdös 曾经说过:"上帝有一本书,好的解法都在那本书上."我们希望本书的解法都出现在上帝的那本书上.或者虽然不在上帝的书上,但它是最好的,上帝会从我们这里取走,放进他的书中.

单　墫

目　　录

第0章 预备知识

不等式证明并不需要很多高中数学课本外的知识,下面列举出的业已足够本书使用.

1. **R** 表示实数集,**R**₊ 表示正实数集.本书中的数都是实数.

2. $a^2 + b^2 \geqslant 2ab$,常称为基本不等式.它有种种变形,如 a,$b \in \mathbf{R}_+$ 时,$a + b \geqslant 2\sqrt{ab}$.

3. Cauchy 不等式:
$$(a_1^2 + a_2^2 + \cdots + a_n^2)(b_1^2 + b_2^2 + \cdots + b_n^2)$$
$$\geqslant (a_1 b_1 + a_2 b_2 + \cdots + a_n b_n)^2.$$

4. 算术-几何平均不等式,简称平均不等式:设 $a_1, a_2, \cdots, a_n \in \mathbf{R}_+$,则
$$\frac{a_1 + a_2 + \cdots + a_n}{n} \geqslant \sqrt[n]{a_1 a_2 \cdots a_n},$$
前面的第 2 条就是 $n = 2$ 的特殊情况.

5. 排序不等式:设 $a_1 \geqslant a_2 \geqslant \cdots \geqslant a_n$,$b_1 \geqslant b_2 \geqslant \cdots \geqslant b_n$,则对 $1, 2, \cdots, n$ 的任一个排列 $i_1, i_2, \cdots, i_n$,有
$$a_1 b_1 + a_2 b_2 + \cdots + a_n b_n \geqslant a_1 b_{i_1} + a_2 b_{i_2} + \cdots + a_n b_{i_n}$$
$$\geqslant a_1 b_n + a_2 b_{n-1} + \cdots + a_n b_1.$$
注意排序不等式中的字母可以是负数.

6. 对于 x, y, z 的多项式 $f(x, y, z)$,如果将 x, y, z 中任两

个互换时,$f(x,y,z)$ 不变,那么 $f(x,y,z)$ 就称为 x,y,z 的对称多项式.例如 $x^2+y^2+z^2$,xyz 都是 x,y,z 的对称多项式.

7. 对于 x,y,z 的多项式 $f(x,y,z)$,如果将 x 换成 y,y 换成 z,z 换成 x 时,$f(x,y,z)$ 不变,那么 $f(x,y,z)$ 就称为轮换多项式.例如 $(x-y)^3+(y-z)^3+(z-x)^3$ 是 x、y、z 的轮换多项式.

对称多项式是轮换多项式,但轮换多项式却不一定是对称多项式.

8. 如果 $f(x)$ 有导数 $f'(x)$,那么在 $f'(x) \geqslant 0$ 时,$f(x)$ 递增;$f'(x) \leqslant 0$ 时,$f(x)$ 递减.

9. 如果 $f(x)$ 有二阶导数 $f''(x) \geqslant 0$,那么 $f(x)$ 就称为凸函数.对于凸函数 $f(x)$ 及任一组满足

$$p_1 + p_2 + \cdots + p_n = 1 \tag{1}$$

的正数 $p_1,p_2,\cdots,p_n$(通常称为"权"),有

$$\sum_{i=1}^{n} p_i f(x_i) \geqslant f\left(\sum_{i=1}^{n} p_i x_i\right), \tag{2}$$

这称为 Jensen 不等式.如果 $f''(x) \leqslant 0$,$f(x)$ 称为凹函数,(2)的不等号改为相反的方向.

不等式的证明,往往需要的是能力,而不是更多的知识.我们相信通常遇到的不等式,99%的只用到以上知识.在本书中,甚至 Jensen 不等式也仅仅用了一次(例 78).

用尽量少的知识,解决尽量多的问题.

第 1 章　含两个字母的不等式

本章介绍含两个字母的不等式.

不等式的证明中,含有两个字母的并不太多,更多的是含有三个字母的不等式.但证明的方法基本相同,都需要利用式子的变形与大小估计.

例 1　已知 $x,y>0$,

$$x^2 + y^3 \geqslant x^3 + y^4, \tag{1}$$

求证:

$$x^2 + y^2 \leqslant 2. \tag{2}$$

证明　已知条件(1)启示我们,x,y 都不太大.x,y 与 1 的大小关系是解决本题的关键.

x,y 不可能都大于 1.否则 $x^2<x^3$,$y^3<y^4$,(1)不成立.

如果 $x,y \leqslant 1$,那么(2)显然成立.

如果 $x>1$,那么 $x^2<x^3$.由(1),$y^3>y^4$,$y<1$.仍由(1),

$$y^3(1 - y) \geqslant x^2(x - 1). \tag{3}$$

(3)的两边都是正数,而 $1>y>y^2>y^3$,$x^2>x>1$,所以由(3)得(左边去掉小于 1 的 y^3,右边去掉大于 1 的 x^2)

$$1 - y \geqslant x - 1, \tag{4}$$

以及(在(3)的左边去掉 y^2,右边去掉 x)

$$y(1 - y) \geqslant x(x - 1). \tag{5}$$

(4)即

$$2 \geqslant x + y, \tag{6}$$

(5)即

$$x + y \geqslant x^2 + y^2, \tag{7}$$

从而

$$x^2 + y^2 \leqslant x + y \leqslant 2. \tag{8}$$

如果 $y > 1$，同样可得 $x < 1$，

$$x^2(1-x) \geqslant y^3(y-1)$$

及(6)、(7)、(8).

这样的问题，本身并不复杂，必须做得简单、明了，才能进一步解复杂的问题（或者说，这样的问题还未解好，那就别去做复杂的问题）.

注 1 我们没有用任何著名的不等式，因为本题根本不需要诸如平均不等式之类工具. 重复说一遍：本题的关键是 x, y 与 1 的大小关系.

处理不等式，最重要的一点，就是对式中出现的各个量的大小要有良好的感觉. 这种感觉有先天的原因，也需要后天的培养. 通过观察、分析、总结，可以使这种关于大小的感觉越来越敏锐.

我们再抄录一本书上的解答：

因为 $x^2 - x^3 \geqslant y^4 - y^3 \geqslant y^3 - y^2$（平均不等式），所以

$$x^2 + y^2 \geqslant x^3 + y^3.$$

又因为

$$x^2 + y^2 \leqslant \frac{2x^3 + 1}{3} + \frac{2y^3 + 1}{3}（平均不等式），$$

结合以上两式得到(2).

这种解法不仅用到较多的知识,而且需要高超的技巧.解答者无疑是一位解题高手,只见他一骑飞驰,绝尘而去.但众多 green hand(新手)瞠目结舌,不知如何跟随.

我们觉得还是从打好基础做起,逐步培养良好的感觉更为重要.

注 2　我们实际上证明了比(2)更强的不等式(8)(在 x, $y \leqslant 1$ 时,(8)显然成立).

例 2　已知 $a, b \in \mathbf{R}_+$,并且

$$\frac{1}{a} + \frac{1}{b} = 1, \tag{1}$$

求证:

$$(a + b)^n - a^n - b^n \geqslant 2^{2n} - 2^{n+1}. \tag{2}$$

证明　条件(1)可以化为整式的等式

$$a + b = ab. \tag{3}$$

由基本不等式 $a + b \geqslant 2\sqrt{ab}$,知

$$ab \geqslant 2\sqrt{ab},$$

约去 $\sqrt{ab}$ 得

$$\sqrt{ab} \geqslant 2. \tag{4}$$

(2)的左边展开,成为 $\sum\limits_{k=1}^{n-1} C_n^k a^{n-k} b^k$.注意 $C_n^k = C_n^{n-k}$,将系数相同的项集在一起.对于 $1 \leqslant k \leqslant n - 1$,由基本不等式及(4)可知,

$$a^{n-k}b^k + a^k b^{n-k} \geqslant 2\sqrt{a^n b^n} \geqslant 2 \times 2^n,$$

所以

$$(a + b)^n - a^n - b^n$$

$$= \sum_{k=1}^{n-1} C_n^k a^{n-k} b^k$$

$$= \frac{1}{2} \sum_{k=1}^{n-1} C_n^k (a^{n-k} b^k + a^k b^{n-k}) \quad (\text{Gauss 的方法啊!})$$

$$\geqslant \frac{1}{2} \sum_{k=1}^{n-1} C_n^k 2 \times 2^n$$

$$= 2^n \sum_{k=1}^{n-1} C_n^k$$

$$= 2^n (2^n - 2)$$

$$= 2^{2n} - 2^{n+1}.$$

解题应简明、一般. 不等式的证明也是如此.

简明即简单、明了. 不要兜大圈子,应直截了当,直剖核心. 所用的方法也应力求简单. 尽量避免用大定理,更不宜用生僻的知识.

例 3 设正数 x, y 满足

$$xy = 1, \tag{1}$$

证明:

$$\frac{x^3}{2y + x} + \frac{y^3}{2x + y} \geqslant \frac{2}{3}. \tag{2}$$

证明 去分母,化为等价的整式不等式

$$3x^3(2x + y) + 3y^3(2y + x) \geqslant 2(2y + x)(2x + y) \tag{3}$$

即

$$6(x^4 + y^4) + 3xy(x^2 + y^2) \geqslant 2(2x^2 + 2y^2 + 5xy) \tag{4}$$

(4)的两边次数不等,左边是 4 次式,右边是 2 次式. 可以利用已知条件(1),将它化为齐次式,即将(4)的右边乘以 xy,左边乘以 1,使得两边都是 4 次,整理得等价的

$$6(x^4 + y^4) - xy(x^2 + y^2) - 10x^2 y^2 \geqslant 0 \qquad (5)$$

而

$$6(x^4 + y^4) - xy(x^2 + y^2) - 10x^2 y^2$$

$$= 5(x^4 - 2x^2 y^2 + y^4) + x^4 - x^3 y + y^4 - xy^3$$

$$= 5(x^2 - y^2)^2 + (x - y)(x^3 - y^3)$$

$$= 5(x^2 - y^2)^2 + (x - y)^2(x^2 + xy + y^2)$$

$$\geqslant 0.$$

因此(5)、(4)、(3)及(2)均成立.

分式不等式往往可以先化为整式不等式.非齐次的不等式, 借助已知条件可以化为齐次不等式.

配方也是常用方法.

$x - y$ 与 $x^n - y^n$（n 为自然数）同正负，也是显然的绪论.

例 4　x 为实数，$y \geqslant 1$. 证明：

$$(x + y)^2 + \frac{1}{(x + y)^2} + \left(\frac{x + y}{xy}\right)^2 \geqslant 6 + \frac{2x}{y}. \qquad (1)$$

证明　利用公式

$$(a - b - c)^2 = a^2 + b^2 + c^2 - 2ab - 2ac + 2bc,$$

我们有

$$(x + y)^2 + \frac{1}{(x + y)^2} + \left(\frac{x + y}{xy}\right)^2$$

$$= \left(x + y - \frac{1}{x + y} - \frac{x + y}{xy}\right)^2 + 2 + \frac{2}{xy}(x + y)^2 - \frac{2}{xy}$$

$$\geqslant 2 + \frac{2x}{y} + 4 + \frac{2y}{x} - \frac{2}{xy}$$

$$\geqslant 6 + \frac{2x}{y}.$$

这也是配方的应用.

例 5　x, y 为正实数. 证明:

(ⅰ) $\left(\dfrac{x}{y}\right)^2 + \left(\dfrac{y}{x+y}\right)^2 + \left(\dfrac{x+y}{x}\right)^2 \geqslant 5$;

(ⅱ) $\left(\dfrac{x}{y}\right)^2 + \left(\dfrac{y}{x-y}\right)^2 + \left(\dfrac{x-y}{x}\right)^2 \geqslant 5$.

证明　将条件"正实数"改为"实数"并限定分母非零, x, y 分别改为 $x+y, x$, 则(ⅱ)化为(ⅰ).

又令 $x = ty$, 则(ⅰ)又化为

$$t^2 + \frac{1}{(1+t)^2} + \left(\frac{1+t}{t}\right)^2 \geqslant 5, \tag{1}$$

其中 $t \neq 0, -1$.

在例 4 中, 取 $x = t, y = 1$, 得

$$(t+1)^2 + \frac{1}{(t+1)^2} + \left(\frac{1+t}{t}\right)^2 \geqslant 6 + 2t, \tag{2}$$

这就是(1)式.

种种代换, 是恒等变形的手段, 也是不等式证明中常用的方法.

不等式的证明, 应当尽量采用简明的方法. 这就是最常用的恒等变形及适当的放缩(不放得过大, 也不缩得过小).

特别要培养对于大小的感觉.

数学的感觉(大小、对称、有无……), 对于学好数学, 是最重要的因素.

第 2 章　含三个字母的不等式

含三个字母的不等式非常之多,占据不等式证明的主要部分.

不等式证明的主要方法,在本章均有体现.有的结果可以推广到更多个字母的不等式.

根据不等式中出现的整式、分式、根式,我们将它们分成 6 节讨论.

2.1　整式不等式

例 6　$x,y,z \in \mathbf{R}_+$.求证:

$$(\text{i})\ 3xyz(x+y+z) \leqslant \left(\sum xy\right)^2; \tag{1}$$

$$(\text{ii})\ 8(x+y+z)\sum xy \leqslant 9(x+y)(y+z)(z+x). \tag{2}$$

其中 $\sum xy$ 是 $xy + yz + zx$ 的简缩记法.

生:(1)右边展开得

$$\sum x^2 y^2 + 2xyz(x+y+z),$$

所以(1)等价于

$$\sum x^2 y^2 \geqslant xyz(x+y+z).$$

由

$$x^2 y^2 + x^2 z^2 \geqslant 2x^2 yz,$$

$$y^2x^2 + y^2z^2 \geqslant 2xy^2z,$$

$$z^2x^2 + z^2y^2 \geqslant 2xyz^2$$

相加即得.

（2）两边展开，合并（抵消）同类项后化为

$$6xyz \leqslant x^2(y + z) + y^2(z + x) + z^2(x + y). \tag{3}$$

由

$$x^2y + yz^2 \geqslant 2xyz,$$

$$y^2z + zx^2 \geqslant 2xyz,$$

$$z^2x + xy^2 \geqslant 2xyz$$

相加即得（3）.

师：解得很好！这样的基本题要多加练习，打好基础才能处理更复杂的问题. 请看下一道题.

例 7　已知 a, b, c 为正数，求证：

$$ab(a + b) + bc(b + c) + ca(c + a)$$

$$\geqslant \frac{3}{4}(a + b)(b + c)(c + a). \tag{1}$$

生：不等式的证明是不是很难啊？ 有的书上介绍了十几种方法.

师：一道不等式的证明往往与另一道不全一样. 所以十道题就有十种解法，一百道题也就会有一百种解法.

生：有没有一种一般的方法呢？

师：当然也有. 这就是将不等式适当变形. 大多数变形是恒等变形，与恒等式的证明完全一样. 例如两边同时平方（乘方）、去分母、移项、合并同类项等. 通过恒等变形将原不等式变成等价的不等式，但形式比原来简单或易于处理. 这是证不等式的第

一个关键.

证不等式的另一个关键是在适当的时候,在适当的地方,作适当的放缩.

生:什么是"适当的时候""适当的地方""适当的放缩"呢?

师:这要视具体题目而定,后面将有很多例题作为说明.现在先看这一道题.

生:我作恒等变形,原不等式(1)等价于

$$4ab(a + b) + 4bc(b + c) + 4ca(c + a)$$
$$\geqslant 3(a^2 b + a^2 c + b^2 c + b^2 a + c^2 b + c^2 a + 2abc),$$

再化简为

$$a^2 b + a^2 c + b^2 c + b^2 a + c^2 b + c^2 a \geqslant 6abc. \tag{2}$$

师:接下去就需要利用最常用的基本不等式

$$A^2 + B^2 \geqslant 2AB \tag{3}$$

进行放缩了.

生:还是两两搭配.

$$a^2 b + bc^2 \geqslant 2abc,$$
$$b^2 c + ca^2 \geqslant 2abc,$$
$$c^2 a + ab^2 \geqslant 2abc,$$

三式相加即得(2).

师:你已经掌握了不等式证明的基本方法.不过,下一道题的证法又有所不同.

例 8　已知

$$(a + c)(a + b + c) < 0, \tag{1}$$

证明:

$$(b - 2c)^2 > 4\sqrt{2}a(a + b + c). \tag{2}$$

证明　条件(1)表明 $a+c$ 与 $a+b+c$ 异号. 我们分两种情况讨论.

（ⅰ）$a+c<0, a+b+c>0$.

这时 $b>-(a+c)>0$. 而 a,c 的正负仍需讨论. 又分两种情况：

1°　$a<0$.

这时 $(b-2c)^2\geqslant0>4\sqrt{2}a(a+b+c)$.

2°　$a\geqslant0$.

这时 $-c>a\geqslant0$.

$(b-2c)^2>(b+2a)^2\geqslant8ab>4\sqrt{2}ab>4\sqrt{2}a(a+b+c)$.

（ⅱ）$a+c>0, a+b+c<0$.

这时可令 $a'=-a, b'=-b, c'=-c$, 条件化为

$$a'+c'<0,\quad a'+b'+c'>0,$$

因此, 由（ⅰ）,

$$(b'-2c')^2>4\sqrt{2}a'(a'+b'+c'),\qquad (3)$$

而(3)即(2).

分情况讨论(枚举法), 是数学中常用的方法. 每一种情况均增加了一些条件. 如（ⅰ）中的 $a+c<0, a+b+c>0, 1°$ 中的 $a<0, 2°$ 中的 $a\geqslant0$. 正是由于增加了条件, 原来难以奏效的工作变得相当容易.

情况（ⅱ）可以化为情况（ⅰ）, 将新的情况化为已经解决的情况或较为简单的情况, 这种手法称为化归. 化归, 也是数学中常用的手法. 在化归比较明显时, 我们可以少考虑一些(可以化归的)情况. 例如本题, 可以只考虑（ⅰ）, 不考虑（ⅱ）, 即常常说"不妨假设 $a+c<0, a+b+c>0$".

本题不少人喜欢用判别式来做,但不及上面的解法好.

这道题是笔者改编的.其中(2)式右边的系数故意用一个无理数,而且故意不用最佳的系数 $8(>4\sqrt{2})$.

在证不等式时,常常有人会证最紧的(最佳的)结果,却不会证稍宽的结果,或许这也是一种定势思维.

例 9　设 x_1,x_2,x_3 为正数.求证:

$$x_1x_2x_3 \geqslant (x_2+x_3-x_1)(x_3+x_1-x_2)(x_1+x_2-x_3).$$
$$\tag{1}$$

证明　(1)的两边都是 x_1,x_2,x_3 的对称式.不妨设 $x_1 \leqslant x_2 \leqslant x_3$.

若 $x_1+x_2-x_3 \leqslant 0$,(1)显然成立.因此,设 $x_1+x_2-x_3 > 0$.

显然

$$(x_2+x_3-x_1)(x_3+x_1-x_2) = x_3^2-(x_1-x_2)^2 \leqslant x_3^2,$$
$$\tag{2}$$

而

$$x_1x_2-x_3(x_1+x_2-x_3) = (x_1-x_3)(x_2-x_3) \geqslant 0, \tag{3}$$

即

$$x_3(x_1+x_2-x_3) \leqslant x_1x_2. \tag{4}$$

(2)、(4)相乘,再约去 x_3 即得(1).

对称式是常遇到的式子,对于对称式善于利用"不妨设",可以减少一些讨论.

例 10　$x,y,z \in \mathbf{R}_+$.求证:

$$x^3z+y^3x+z^3y \geqslant xyz(x+y+z). \tag{1}$$

证明　(1)的两边都是 x,y,z 的轮换式,不妨设 y 在 x,z 之间.

因为 x^2, z^2 的大小顺序与 xz, yz 相同,所以由排序不等式,

$$x^2 \cdot xz + z^2 \cdot yz \geqslant x^2 \cdot yz + z^2 \cdot xz, \tag{2}$$

同样 y^2, z^2 的顺序与 yx, zx 的相同,所以

$$y^2 \cdot yx + z^2 \cdot zx \geqslant y^2 zx + z^2 yx, \tag{3}$$

由(2)、(3)得(1).

常见的排序不等式,现在分成两次运用,颇为有趣.

又证 (1)即

$$\frac{x^2}{y} + \frac{y^2}{z} + \frac{z^2}{x} \geqslant x + y + z. \tag{4}$$

因为

$$\frac{x^2}{y} + y \geqslant 2x,$$

$$\frac{y^2}{z} + z \geqslant 2y,$$

$$\frac{z^2}{x} + x \geqslant 2z,$$

所以三式相加即得(4).

更一般地,设 $x_1, x_2, \cdots, x_n \in \mathbf{R}_+$,则

$$\frac{x_1^2}{x_2} + \frac{x_2^2}{x_3} + \frac{x_3^2}{x_4} + \cdots + \frac{x_n^2}{x_1} \geqslant x_1 + x_2 + \cdots + x_n. \tag{5}$$

(5)是笔者发现的推广,曾作为 1984 年全国高中联赛的大轴题.原来笔者的解答用归纳法,较繁.但第二天,参加命题的一位老师即找到简单证法(即"又证"的证法).

有些问题(如不等式(1)),一般化(如(5))后,本质得到彰显,反倒容易找到简单的解法.

例 11 $x, y, z \in \mathbf{R}_+$.求证:

$$8\left(\sum x^3\right)^2 \geqslant 9(x^2 + yz)(y^2 + zx)(z^2 + xy), \tag{1}$$

其中 $\sum x^3$ 是 $x^3 + y^3 + z^3$ 的简缩记法.

证明 $(1) \Leftrightarrow 8\left(\sum x^6 + 2\sum x^3 y^3\right)$

$$\geqslant 9\left(2x^2 y^2 z^2 + \sum x^3 y^3 + \sum x^4 yz\right)$$

$$\Leftrightarrow 8\sum x^6 + 7\sum x^3 y^3 \geqslant 18 x^2 y^2 z^2 + 9xyz\sum x^3. \quad (2)$$

因为

$$7(x^6 + x^3 y^3 + x^3 z^3) \geqslant 21 x^3 \cdot xyz, \quad (3)$$

所以

$$16\sum x^6 + 14\sum x^3 y^3 \geqslant 9\sum x^6 + 21xyz\sum x^3$$

$$\geqslant 27 x^2 y^2 z^2 + 21xyz\sum x^3$$

$$\geqslant 27 x^2 y^2 z^2 + 18xyz\sum x^3 + 9x^2 y^2 z^2$$

$$= 36 x^2 y^2 z^2 + 18xyz\sum x^3,$$

即(2)成立.

注 除了恒等变形,本题所用的工具是平均不等式

$$\sum x^3 \geqslant 3xyz \quad (x、y、z \in \mathbf{R}_+).$$

例 12 已知 $a,b,c \in \mathbf{R}$. 求证:

（ⅰ） $(a^2 + c^2)^2 \geqslant 4ac(a + c)(a - c)$; $\quad (1)$

（ⅱ） $(a^2 + b^2)^2 \geqslant 3a^3 b$; $\quad (2)$

（ⅲ） $(a^2 + b^2 + c^2)^2 \geqslant 3(a^3 b + b^3 c + c^3 a)$; $\quad (3)$

（ⅳ） $\sum a^4 + a^3 b + b^3 c + c^3 a \geqslant 2(ab^3 + bc^3 + ca^3)$. $\quad (4)$

证明 （ⅰ） $(a^2 + c^2)^2 - 4ac(a + c)(a - c)$

$$= (a^2 - c^2)^2 + 4a^2 c^2 - 4ac(a^2 - c^2)$$

$$= (a^2 - c^2 - 2ac)^2 \geqslant 0.$$

（ⅱ）先乘以 2,避免分数运算,易于配方.

$2(a^2+b^2)^2-6a^3b$

$\quad = 2a^4+2b^4+4a^2b^2-6a^3b$

$\quad = (a^2-2ab)^2+a^4+2b^4-2a^3b$

$\quad = (a^2-2ab)^2+(a^2-ab-b^2)^2+b^4+a^2b^2-2ab^3$

$\quad = (a^2-2ab)^2+(a^2-ab-b^2)^2+b^2(a-b)^2.$　　　(5)

（ⅲ）考虑 $2(a^2+b^2+c^2)^2-6(a^3b+b^3c+c^3a)$.

在 $c=0$ 时,它等于(5)最后的三项.

由轮换,在 $a=0$ 时,它应为

$$(b^2-2bc)^2+(b^2-bc-c^2)^2+c^2(b-c)^2;\qquad(6)$$

在 $b=0$ 时,它应为

$$(c^2-2ca)^2+(c^2-ca-a^2)^2+a^2(c-a)^2.\qquad(7)$$

我们想将 $2(a^2+b^2+c^2)^2-6(a^3b+b^3c+c^3a)$ 配成平方和. 从以上特殊情况看来,应当是三个平方的和,它们分别含有 $a^2-b^2-ab,b^2-c^2-bc,c^2-a^2-ca$,从而分别是 $a^2-b^2-ab-ac+2bc,b^2-c^2-bc-ba+2ac,c^2-a^2-ca-cb+2ab$ 的平方. 即应当有

$$2(a^2+b^2+c^2)^2-6(a^3b+b^3c+c^3a)$$
$$= \sum (a^2-b^2-ab-ac+2bc)^2.\qquad(8)$$

当然(8)还需要证明.

a,b,c 的四次轮换式

$$2(a^2+b^2+c^2)^2-6(a^3b+b^3c+c^3a)$$
$$-\sum (a^2-2ab+bc-c^2+ca)^2\qquad(9)$$

在 a,b,c 中任一个为 0 时,它的值也为 0.从而 a,b,c 都是(9)

的因式.因为(9)是四次轮换式,除以 abc 后,商是一次轮换式,即 $K(a+b+c)$,K 为常数.在恒等式

$$2(a^2+b^2+c^2)^2-6(a^3b+b^3c+c^3a)$$
$$-\sum(a^2-2ab+bc-c^2+ca)^2$$
$$=Kabc(a+b+c) \tag{10}$$

的两边令 $a=b=c$,得

$$0=3K,$$

所以 $K=0$,并且(8)成立,从而(3)成立.

(3)称为 Vasile 不等式.

(ⅳ)与(ⅲ)类似,考虑四次轮换式

$$2\sum a^4+2(a^3b+b^3c+c^3a)-4(ab^3+bc^3+ca^3).$$

在 $c=0$ 时,上式成为

$$2(a^4+b^4)+2a^3b-4ab^3$$
$$=a^4+(a^4+b^4+2a^3b-2ab^3)+(b^4-2ab^3)$$
$$=a^4+(a^2+ab-b^2)^2+b^2(a-b)^2.$$

于是与(ⅲ)类似可得四次轮换式(与(ⅲ)相同,两边之差被 abc 整除……)

$$2\sum a^4+2(a^3b+b^3c+c^3a)-4(ab^3+bc^3+ca^3)$$
$$=\sum(a^2+ab-b^2-ca)^2, \tag{11}$$

即(4)成立.

(ⅲ)、(ⅳ)的配方及恒等式(8)、(11)的证明均不容易.

例 13　$a,b,c\in\mathbf{R}$.求证:

$$\sum a^4+abc(a+b+c)\geqslant\sum a^3(b+c). \tag{1}$$

证明　(1)的两边都是 a,b,c 的对称式.

对于对称式, a,b,c 的大小可以任意排定,不妨设 $a \geqslant b \geqslant c$.
在 $b \geqslant 0$ 时,

$$c^4 + abc^2 - c^3(a+b) = c^2(c^2 + ab - ca - cb)$$
$$= c^2(c-a)(c-b) \geqslant 0, \qquad (2)$$
$$a^4 + b^4 + abc(a+b) - a^3b - ab^3 - c(a^3+b^3)$$
$$= a^3(a-b) - b^3(a-b) - a^2c(a-b) + b^2c(a-b)$$
$$= (a-b)^2(a^2 + ab + b^2 - ac - bc)$$
$$= (a-b)^2(a^2 + (a+b)(b-c))$$
$$\geqslant 0. \qquad (3)$$

(2)、(3)相加即得(1).

如果 $b < 0$,那么令 $x = -c, y = -b, z = -a$,则 $x \geqslant y \geqslant z$,
$y \geqslant 0$,并且

$$\sum x^4 + xyz(x+y+z) \geqslant \sum x^3(y+z), \qquad (4)$$

这就化为前面的情况(x,y,z 相当于前面的 a,b,c).

"车到山前必有路",有时好像出现了意外的情况,但采用适当的化归,便可化险为夷.

例 14　$a,b,c \in \mathbf{R}$.求证:

$$2\sum a^4 + abc(a+b+c) \geqslant 3(ab^3 + bc^3 + ca^3). \qquad (1)$$

证明　由例 12,

$$\sum a^4 + abc(a+b+c) \geqslant \sum a^3(b+c). \qquad (2)$$

又由例 11(iv),

$$\sum a^4 + a^3b + b^3c + c^3a \geqslant 2(ab^3 + bc^3 + ca^3). \qquad (3)$$

(2)+(3)即得(1).

有了前面两题,这道题迎刃而解.

例 15　对任意实数 a,b,c,试证:

$$(a^2 + 2)(b^2 + 2)(c^2 + 2) \geqslant 9(ab + bc + ca). \qquad (1)$$

证明　与前面一些例子不同之处在于现在各项的次数并不相同. a^2 是二次式,而 2 是零次,所以(1)的左边展开后,最高次项 $a^2 b^2 c^2$ 是 6 次,最低次项 $2 \times 2 \times 2$ 是零次(不含字母).

本题的关键在于比较 a^2, b^2, c^2 与 1 的大小.

$a^2 - 1, b^2 - 1, c^2 - 1$ 这三个数中必有两个同号(约定 0 与任何实数同号),不妨设

$$(b^2 - 1)(c^2 - 1) \geqslant 0. \qquad (2)$$

这时

$$(b^2 + 2)(c^2 + 2) - 3(1 + b^2 + c^2)$$
$$= b^2 c^2 - b^2 - c^2 + 1$$
$$= (b^2 - 1)(c^2 - 1) \geqslant 0, \qquad (3)$$

所以

$$(1) \text{ 的左边} \geqslant (a^2 + 2) \cdot 3(1 + b^2 + c^2)$$
$$= 3 \times (a^2 + 1^2 + 1^2)(1^2 + b^2 + c^2)$$
$$\geqslant 3(a + b + c)^2, \qquad (4)$$

(4)比(1)更强,因为显然有

$$(a + b + c)^2 \geqslant 3(ab + bc + ca).$$

例 16　$a,b,c \geqslant 0$.求证:

$$(a^2 + b^2 + c^2)^2 \geqslant 4(a - b)(b - c)(c - a)(a + b + c).$$

$$(1)$$

证明　(1)是 a,b,c 的轮换式.可设 a,b,c 中,a 最大.

若 $b \geqslant c$,则(1)的右边 $\leqslant 0$.(1)显然成立.

若 $c \geqslant b$,则(1)即

$$(a^2 + b^2 + c^2)^2 \geqslant 4(a - b)(a - c)(c - b)(a + b + c).$$

$$(2)$$

先看一个简单的情况. $b = 0$ 时,

$$(2) \text{ 的右边} = 4(a^2 - ac)(ca + c^2)$$

$$\leqslant (a^2 - ac + ca + c^2)^2$$

$$(a^2 + c^2)^2 = (2) \text{ 的左边}.$$

一般情况与此类似.

$$(2) \text{ 的右边} = 4(a^2 - ab + bc - ac)(ac + c^2 - ab - b^2)$$

$$\leqslant 4(a^2 - ac)(ac + c^2)$$

$$\leqslant (a^2 + c^2)^2$$

$$\leqslant (a^2 + c^2 + b^2)^2.$$

(1)中等号成立的条件是 $b = 0, a = (\sqrt{2} + 1)c$ (及将字母 a, b, c 轮换所得结果).

(2)的特例($b = 0$)指明了一般情况的解法,颇有趣.

例 17　$a, b, c \in \mathbf{R}$.求证:

$$(a^2 + ab + b^2)(b^2 + bc + c^2)(c^2 + ca + a^2)$$

$$\geqslant (ab + bc + ca)^3.$$

$$(1)$$

证明　在 a, b, c 均非负时,由 Cauchy 不等式的推广(注)

$$\sum a_i \sum b_i \sum c_i \geqslant \left(\sum \sqrt[3]{a_i b_i c_i} \right)^3 (a_i, b_i, c_i \text{ 均非负}), (2)$$

(1) 式左边 $= (ab + b^2 + a^2)(b^2 + bc + c^2)(a^2 + c^2 + ca)$

$$\geqslant ((abb^2 a^2)^{1/3} + (b^2 bcc^2)^{1/3} + (a^2 c^2 ca)^{1/3})^3$$

$$= (ab + bc + ca)^3 = (1) \text{ 式右边}.$$

在 a, b, c 均负时,将它们都换成各自的相反数,证明与上面

相同.

在 a,b,c 中 2 负 1 正时,例如 a,b 负,c 正,可以将它们换成各自的相反数,化为 2 正 1 负的情况,于是只需证

$$(a^2 + ab + b^2)(b^2 - bc + c^2)(c^2 - ca + a^2)$$
$$\geqslant (ab - bc - ca)^3, \tag{3}$$

其中 a,b,c 都是非负的.

又可分为两种情况.

（ⅰ）$ab \leqslant bc + ac$.

(3)式右边 $\leqslant 0$,而左边每个因式 $\geqslant 0$,(3)显然成立.

（ⅱ）$ab > bc + ac$.

这时,$a > c$,$b > c$.令

$$a_1 = a - c, \quad b_1 = b - c,$$

则 $a_1 > 0$,$b_1 > 0$,

$$b^2 - bc + c^2 = (b - c)b + c^2 = b_1(b_1 + c) + c^2$$
$$= b_1^2 + b_1 c + c^2,$$
$$c^2 - ca + a^2 = c^2 + a(a - c) = c^2 + (a_1 + c)a_1$$
$$= c^2 + a_1 c + a_1^2,$$

所以

$$(a^2 + ab + b^2)(b^2 - bc + c^2)(c^2 - ca + a^2)$$
$$\geqslant (a_1^2 + a_1 b_1 + b_1^2)(b_1^2 + b_1 c + c^2)(c^2 + ca_1 + a_1^2)$$
$$\geqslant (a_1 b_1 + b_1 c + ca_1)^3$$
$$= (ab - c^2)^3$$
$$\geqslant (ab - ac)^3$$
$$\geqslant (ab - ac - bc)^3.$$

注　由 Cauchy 不等式,在 $a_i,b_i,c_i,d_i \geqslant 0 (1 \leqslant i \leqslant n)$ 时,

$$\sum a_i \sum b_i \sum c_i \sum d_i \geqslant \left(\sum \sqrt{a_i b_i} \right)^2 \left(\sum \sqrt{c_i d_i} \right)^2$$
$$\geqslant \left(\sum \sqrt[4]{a_i b_i c_i d_i} \right)^4,$$

取 $d_i = \sqrt[3]{a_i b_i c_i}$，则 $d_i^4 = a_i b_i c_i d_i$，

$$\sum a_i \sum b_i \sum c_i \sum d_i \geqslant \left(\sum d_i \right)^4,$$

所以

$$\sum a_i \sum b_i \sum c_i \geqslant \left(\sum d_i \right)^3 = \left(\sum \sqrt[3]{a_i b_i c_i} \right)^3.$$

这就是 Cauchy 不等式的推广. 不过, 我们很少用到它, 本书中只用了这一次而已.

2.2　整式不等式(续)

本节仍是整式不等式, 但均是有一定已知条件的不等式证明.

例 18　$a, b, c \geqslant 0$，并且

$$a + b + c = 3, \tag{1}$$

求证:

$$a^2 b + b^2 c + c^2 a + abc \leqslant 4. \tag{2}$$

证明　在 $x < 4$ 时,

$$x(3 - x)^2 - 4 = x^3 - 6x^2 + 9x - 4$$
$$= (x - 1)(x^2 - 5x + 4)$$
$$= (x - 1)^2 (x - 4) \leqslant 0, \tag{3}$$

因此

$$a(b + c)^2 = a(3 - a)^2 \leqslant 4. \tag{4}$$

于是要证(2)只需证

$$a^2 b + b^2 c + c^2 a + abc \leqslant a(b + c)^2, \tag{5}$$

即

$$b(ab + ac - a^2 - bc) = b(a - b)(c - a) \geqslant 0. \quad (6)$$

由于(2)的左边是 a, b, c 的轮换式, 总可以设 a 的大小在 b, c 之间(即 $b \geqslant a \geqslant c$ 或 $c \geqslant a \geqslant b$). 这时(6)成立, 从而(2)成立.

注　(4)的另一种证法是

$$a(3 - a)^2 = \frac{1}{2} \times 2a \times (3 - a)^2$$

$$\leqslant \frac{1}{2} \times \left(\frac{2a + 3 - a + 3 - a}{3}\right)^3$$

$$= 4.$$

例 19　设 $a \geqslant b \geqslant c \geqslant 0$, 并且

$$a + b + c = 3. \quad (1)$$

证明:

$$ab^2 + bc^2 + ca^2 \leqslant \frac{27}{8}. \quad (2)$$

证明　在 $a = b = \frac{3}{2}, c = 0$ 时等号成立.

固定 c, 则 $ab^2 + bc^2 + ca^2$ 是 a 的函数, 且其中

$$b = 3 - c - a, \quad (3)$$

也是 a 的函数, 对 a 的导数为 -1. 所以 $ab^2 + bc^2 + ca^2$ 对 a 的导数为

$$b^2 - 2ab - c^2 + 2ac = (b - c)(b + c - 2a) \leqslant 0.$$

因此 $ab^2 + bc^2 + ca^2$ 是 a 的减函数,

$$ab^2 + bc^2 + ca^2 \leqslant b^3 + b^2 c + bc^2, \quad (4)$$

其中

$$2b + c = 3, \quad b \geqslant c \geqslant 0. \tag{5}$$

同样，$b^3 + b^2 c + bc^2$ 对 b 的导数（其中 $c = 3 - 2b$）为

$$3b^2 + 2bc - 2b^2 + c^2 - 4bc = (b - c)^2 \geqslant 0, \tag{6}$$

因此，在 $b = \dfrac{3}{2}$，$c = 0$ 时，$b^3 + b^2 c + bc^2$ 取最大值 $\dfrac{27}{8}$，即(2)成立.

本题采用的方法，通常称为调整：固定一个变量 c，这时"目标" $ab^2 + bc^2 + ca^2$ 成为一个变量 a（变量 b 可以用 a 表示）的函数. 如果它的导数不大于 0，那么目标函数是 a 的减函数. 因而在 a 减少时目标函数的值增大. 从而让 a 减少至与 b 相等，如果目标函数这时的值不大于 $\dfrac{27}{8}$，那么它的值就永远不大于 $\dfrac{27}{8}$.

例 20　已知 a, b, c 为正数，并且 $a + b + c = 1$. 求证：

$$(a - bc)(b - ca)(c - ab) \leqslant 8a^2 b^2 c^2. \tag{1}$$

证明　可设 $a \geqslant b \geqslant c$. 这时 $a - bc > 0$，$b - ca > 0$. 如果 $c - ab \leqslant 0$，那么(1)当然成立，但 $c - ab$ 也可能大于 0.

设 $c \geqslant ab$. 这时左边有 3 个因子：$a - bc$，$b - ca$，$c - ab$. 经过尝试知道无法证明它们分别小于右边的因子 $2a^2$，$2b^2$，$2c^2$ 或者 $2ab$，$2bc$，$2ca$. 因此只试一试是否有

$$(a - bc)(b - ca) \leqslant 4a^2 b^2. \tag{2}$$

展开成为

$$ab + abc^2 \leqslant 4a^2 b^2 + c(a^2 + b^2),$$

将 ab 写成 $ab(a + b + c)^2$，上式即

$$ab((a + b + c)^2 + c^2)$$

$$\leqslant 4a^2 b^2 + ab(a^2 + b^2) + (c - ab)(a^2 + b^2),$$

移项

$$ab((a + b)^2 + 2c(a + b) + 2c^2 - 4ab - a^2 - b^2)$$
$$\leqslant (c - ab)(a^2 + b^2),$$

合并

$$2ab(c(a + b + c) - ab) \leqslant (c - ab)(a^2 + b^2),$$

最后成为

$$2ab(c - ab) \leqslant (c - ab)(a^2 + b^2),$$

因为 $c - ab \geqslant 0$，所以上式成立，从而(2)成立.

同样有

$$(b - ca)(c - ab) \leqslant 4b^2 c^2, \tag{3}$$
$$(c - ab)(a - bc) \leqslant 4c^2 a^2, \tag{4}$$

(2)、(3)、(4)相乘即得(1).

注　解法中 1 的变化，也就是条件"$a + b + c = 1$"的运用值得注意.推导过程可以写得更精练一些，但我们故意多留些"痕迹"，不加压缩.

例 21　已知 $a, b, c \in \mathbf{R}_+$，且

$$b + c \leqslant 1 + a, \quad c + a \leqslant 1 + b, \quad a + b \leqslant 1 + c, \tag{1}$$

求证：

$$a^2 + b^2 + c^2 \leqslant 2abc + 1. \tag{2}$$

证明　不妨设 $a \leqslant b \leqslant c$.由

$$b + c \leqslant 1 + a \leqslant 1 + b$$

得 $c \leqslant 1$.更有 $a \leqslant b \leqslant 1$.

由 $b + c \leqslant 1 + a$ 得

$$b - a \leqslant 1 - c, \tag{3}$$

于是

$$1 - c^2 = (1 + c)(1 - c) = (1 - c)^2 + 2c(1 - c)$$
$$\geqslant (1 - c)^2 + 2ab(1 - c)$$
$$\geqslant (b - a)^2 + 2ab(1 - c)$$
$$= a^2 + b^2 - 2abc , \tag{4}$$

即(2)成立.

例 22　$a , b , c \in \mathbf{R}_+$,并且

$$ab + bc + ca = 1, \tag{1}$$

求证：

$$a + b + c + \min\{a , b , c\} \geqslant 2, \tag{2}$$
$$2(a + b + c) + 3abc \geqslant 4. \tag{3}$$

证明　设 $a \geqslant b \geqslant c$.已知条件(1)的左边是 2 次式,所以我们将(2)的两边同乘 a,使左边变成 2 次式.

$$a(a + b + 2c) - 2a = (a - 1)^2 + ab + 2ac - 1$$
$$\geqslant (a - 1)^2 + ab + ac + bc - 1$$
$$= (a - 1)^2 \geqslant 0$$

所以(2)成立(两边同乘 $b + c$ 也可证明.但乘以 a 稍简单).

(3)中有一项 $3abc$,而 bc 较小,乘以 a 难以处理,需乘以 $b + c$.

由(1), $bc \leqslant \dfrac{1}{3}$,

$$2(a + b + c)(b + c) + 3abc(b + c) - 4(b + c)$$
$$= 2(b + c)^2 - 4(b + c) + 2(1 - bc) + 3bc(1 - bc)$$
$$= 2(b + c - 1)^2 + bc(1 - 3bc) \geqslant 0,$$

所以(3)成立.

上面的过程中,利用(1)消去了 a ,而 $3bc$ 比 1 小.

例 23　已知 $a, b, c \in \mathbf{R}_+$,且

$$a^2 + b^2 + c^2 = 3, \tag{1}$$

求证:

$$a^3 b^2 + b^3 c^2 + c^3 a^2 \leqslant 3. \tag{2}$$

证明　(2)的左边是 a, b, c 的轮换式(在 a 换成 b、b 换成 c、c 换成 a 时不变),但不是 a, b, c 的对称式(对称式要求 a, b, c 中任两个互换时,式子不变).所以不能设 $a \geqslant b \geqslant c$,而是有 $a \geqslant b \geqslant c$ 与 $a \leqslant b \leqslant c$ 两种可能.这时,相应地有

$$a^2 b^2 \geqslant a^2 c^2 \geqslant b^2 c^2 \quad \text{或} \quad a^2 b^2 \leqslant a^2 c^2 \leqslant b^2 c^2.$$

于是由排序不等式

$$
\begin{aligned}
& a^3 b^2 + b^3 c^2 + c^3 a^2 \\
={} & a^3 b^2 + b \times b^2 c^2 + c \times c^2 a^2 \\
\leqslant{} & a^3 b^2 + b \times c^2 a^2 + c \times b^2 c^2 \\
={} & b(a^3 b + c^3 b + a^2 c^2) \\
\leqslant{} & b\left(a^2 \times \frac{a^2 + b^2}{2} + c^2 \times \frac{b^2 + c^2}{2} + a^2 c^2\right) \\
={} & b\left(a^2 \times \frac{a^2 + b^2 + c^2}{2} + c^2 \times \frac{a^2 + b^2 + c^2}{2}\right) \\
={} & \frac{3}{2} b(a^2 + c^2) = \frac{3}{2} b(3 - b^2). \tag{3}
\end{aligned}
$$

剩下的事是证明

$$b(3 - b^2) \leqslant 2. \tag{4}$$

因为

$$
\begin{aligned}
2 - b(3 - b^2) &= b^3 - 3b + 2 = (b - 1)(b^2 + b - 2) \\
&= (b - 1)^2 (b + 2) \geqslant 0,
\end{aligned}
$$

所以(4)成立.

注 （4）的另一种证法是

$$b(3 - b^2) = \sqrt{2b^2(3 - b^2)(3 - b^2)} \div \sqrt{2}$$

$$\leqslant \frac{1}{\sqrt{2}}\left(\frac{2b^2 + (3 - b^2) + (3 - b^2)}{3}\right)^{\frac{3}{2}}$$

$$= 2.$$

例 24 非负实数 a, b, c 满足

$$a^2 + b^2 + c^2 + abc = 4, \tag{1}$$

证明：

$$0 \leqslant ab + bc + ca - abc \leqslant 2. \tag{2}$$

证明 （2）的左边是显然的：a, b, c 不能都大于 1（否则（1）的左边大于 4）．设 $a \leqslant 1$，则

$$ab + bc + ca - abc = ab + ca + (1 - a)bc \geqslant 0.$$

（2）的右边，有人采用三角变换，我们宁愿用代数方法．

$a - 1, b - 1, c - 1$ 三个数中，有两个同号（约定 0 与任何数同号）．不妨设 $a - 1, b - 1$ 同号．这时

$$ab - a - b + 1 = (a - 1)(b - 1) \geqslant 0, \tag{3}$$

所以

$$c(a + b - ab) \leqslant c. \tag{4}$$

另一方面，将（1）看作 c 的二次方程，解得

$$c = \frac{\sqrt{a^2b^2 - 4(a^2 + b^2 - 4)} - ab}{2}$$

$$= \frac{\sqrt{(4 - a^2)(4 - b^2)} - ab}{2}$$

$$\leqslant \frac{1}{2}\left(\frac{(4 - a^2) + (4 - b^2)}{2} - ab\right)$$

$$= 2 - \frac{(a+b)^2}{4} \leqslant 2 - ab. \tag{5}$$

由(4)、(5)得

$$ab + ca + cb - abc \leqslant 2.$$

注 亦可将 $c^2 + abc + a^2 + b^2 - 4$ 作为 c 的二次函数. 在 $c = 2 - ab$ 时, 函数值 $(2-ab)^2 + ab(2-ab) + a^2 + b^2 - 4 = (a-b)^2 \geqslant 0$. 所以函数的正零点 $c \leqslant 2 - ab$, 即(5)成立.

例 25 已知 a, b, c 为正数, 且满足

$$a^2 + b^2 + c^2 + abc = 4, \tag{1}$$

证明:

$$a + b + c \geqslant 1 + 2abc. \tag{2}$$

证明 因为 $abc > 1$ 时,

$$a^2 + b^2 + c^2 \geqslant 3\sqrt[3]{a^2 b^2 c^2} > 3,$$

与条件(1)矛盾, 所以 $abc \leqslant 1$.

为了利用(1), 我们将(2)的左边平方:

$$\begin{aligned}
(a + b + c)^2 &= a^2 + b^2 + c^2 + 2(ab + bc + ca) \\
&= 4 - abc + 2(ab + bc + ca) \\
&\geqslant 4 - abc + 6\sqrt[3]{a^2 b^2 c^2} \\
&\geqslant 4 - abc + 6abc \\
&\geqslant 1 + 4abc + 4a^2 b^2 c^2,
\end{aligned}$$

即(2)成立.

这道题有人用"三角换元法"(《全国数学奥林匹克命题比赛获奖题目》,《中等数学》编辑部编, 天津出版社 2013 年第一版. 第 144~146 页), 非常之繁, 远不比上面的解法简单. 其实代数问题应当尽量用代数方法解, 通常不需要作什么三角换元.

例 26 已知 $a, b, c \in \mathbf{R}_+$, 并且

$$abc = 1, \tag{1}$$

求证：

$$(a + b)(b + c)(c + a) \geqslant 4(a + b + c - 1). \tag{2}$$

证明　不妨设 $a \geqslant 1$.

$$(a + b)(c + a) = a^2 + ab + ac + bc$$
$$\geqslant a^2 + 3\sqrt[3]{abacbc} = a^2 + 3,$$

所以

$$(a + b)(b + c)(c + a) - 4(a + b + c - 1)$$
$$\geqslant (b + c)(a^2 + 3) - 4(a + b + c - 1)$$
$$= (b + c)(a^2 - 1) - 4(a - 1)$$
$$= (a - 1)((b + c)(a + 1) - 4)$$
$$= (a - 1)\left(\frac{1}{c} + \frac{1}{b} + b + c - 4\right)$$
$$= (a - 1)\left(\left(\frac{1}{b} + b - 2\right) + \left(\frac{1}{c} + c - 2\right)\right)$$
$$\geqslant 0.$$

2.3　三元三次多项式

例 27　若 $x, y, z \in \mathbf{R}_+$，则

$$\sum x(x - y)(x - z) \geqslant 0. \tag{1}$$

证明　由于 (1) 式左边是 x, y, z 的对称式，可设 $x \geqslant y \geqslant z$.

$$\sum x(x - y)(x - z)$$
$$= x(x - y)(x - z) + y(y - z)(y - x)$$
$$\quad + z(z - x)(z - y)$$
$$\geqslant x(x - y)(x - z) + y(y - z)(y - x)$$

$$= (x - y)(x(x - z) - y(y - z))$$

$$\geqslant y(x - y)((x - z) - (y - z))$$

$$= y(x - y)^2 \geqslant 0. \qquad (2)$$

所以(1)成立.

将(1)左边展开得

$$\sum x^3 - \sum x^2(y + z) + 3xyz \geqslant 0. \qquad (3)$$

(1)、(3)都称为 Schur 不等式.应用时,(3)往往更方便.

各项都是三次多项式,称为三次齐次多项式.例如 $\sum x^3 - \sum x^2(y + z) + 3xyz$ 就是 x, y, z 的三次齐次多项式.这个多项式也是 x, y, z 的对称多项式.

例 28 设 $P(x, y, z)$ 为对称的三元三次齐次多项式.如果 $P(1, 1, 1), P(1, 1, 0), P(1, 0, 0)$ 都是非负的,那么对一切 $x, y, z \in \mathbf{R}_+$,均有

$$P(x, y, z) \geqslant 0. \qquad (1)$$

证明 事实上,设

$$P(x, y, z) = A\sum x^3 + B\sum x^2(y + z) + Cxyz, \qquad (2)$$

其中 A, B, C 为常数,则

$$3A + 6B + C = P(1, 1, 1) = e \geqslant 0, \qquad (3)$$

$$2A + 2B = P(1, 1, 0) = f \geqslant 0, \qquad (4)$$

$$A = P(1, 0, 0) = g \geqslant 0, \qquad (5)$$

所以

$$A = g, \quad B = \frac{f}{2} - g, \quad C = e + 3g - 3f,$$

$$P(x, y, z) = g\left(\sum x^3 - \sum x^2(y + z) + 3xyz\right)$$

$$+ \frac{f}{2} \left(\sum x^2 (y + z) - 6xyz \right) + exyz, \quad (6)$$

显然对一切 $x, y, z \in \mathbf{R}_+$,

$$\sum x^2 (y + z) - 6xyz = \sum (x^2 z + y^2 z) - 6xyz \geqslant 0, \ (7)$$

$$xyz \geqslant 0, \qquad\qquad\qquad\qquad\qquad (8)$$

又由 Schur 不等式,

$$\sum x^3 - \sum x^2 (y + z) + 3xyz \geqslant 0. \qquad (9)$$

已知 $e, f, g \geqslant 0$,因此由(6),对 $x, y, z \in \mathbf{R}_+$,

$$P(x, y, z) \geqslant 0.$$

上面的结果可以作为一个定理使用,它将三次齐次对称不等式的证明改为简单的验证. 可谓"百炼钢化为绕指柔".

前面的例 6、例 8 都可以用这个定理解决. 请读者自己做一做.

下面的例子也可作为这个定理的应用.

例 28′　$a, b, c \in \mathbf{R}_+$. 证明:

$$\frac{a}{b + c} + \frac{b}{c + a} + \frac{c}{a + b} \geqslant \frac{3}{2}. \qquad (10)$$

证明　去分母后,两边都成为三次齐次式.

在 $a = b = c = 1$ 时,两边相等.

在 $a = 0, b = c = 1$ 时,左边>右边.

在 $a = 1, b = c = 0$ 时,左边=1,右边=0.

验证时,前两种情形可以就利用(10)验证. 最后一种情况,(10)中分母为 0,可以认为它是"正无穷大",当然大于右边(如果去分母,左边不为 0,右边为 0).

因此,去分母后,不等式成立(两个三元三次对称多项式

P_1, P_2 的差 $P_1 - P_2 \geqslant 0$，即 $P_1 \geqslant P_2$），则（10）成立.

每一个三次齐次对称多项式都可用 $\sum x^2(y + z) - 6xyz$，xyz，$\sum x^3 - \sum x^2(y + z) + 3xyz$ 的线性组合（类似于（6））表示. 而这 3 个多项式在 $x, y, z \in \mathbf{R}_+$ 时，又都是非负的，所以这 3 个多项式称为三次齐次多项式的正基. 如果多项式 $P(x, y, z)$ 在用正基表示时，系数都是非负的（如（6）中 $e, f, g \geqslant 0$），那么这个多项式 $P(x, y, z)$ 在 $x, y, z \in \mathbf{R}_+$ 时，值非负.

三次式可向四次、五次推广，但较为复杂.

2.4　含分式的不等式

含分式的不等式非常之多，解法各有巧妙之处.

例 29　$a, b, c > 0, n$ 为正整数. 证明：

$$（\text{i}）\sum \frac{a^n}{b^n + c^n} \geqslant \sum \frac{a^{n-1}}{b^{n-1} + c^{n-1}}; \tag{1}$$

$$（\text{ii}）\sum \frac{a^{n+1}}{b^n + c^n} \geqslant \sum \frac{a^n}{b^{n-1} + c^{n-1}}. \tag{2}$$

生：样子像一道难题. 是不是要用什么幂平均不等式或排序不等式？

师：不要把问题想得过于复杂，更不要看到生题心里就胆怯. 不要轻易搬用一些"高级的"定理或工具，应尽量采用简单的、大家都熟悉的办法.

如果将"$\geqslant$"改为"$=$"，作为恒等式，你怎么证明？

生：对恒等式，我想考虑两边之差

$$\sum \frac{a^n}{b^n + c^n} - \sum \frac{a^{n-1}}{b^{n-1} + c^{n-1}} \tag{3}$$

是否为 0,现在是不等式,应当证明这差大于或等于 0.

师:对啊!(3)是 a,b,c 的对称式.可以设 $a \geqslant b \geqslant c$,然后将对应项相减.

生:相减,

$$(3) = \frac{a^n(b^{n-1} + c^{n-1}) - a^{n-1}(b^n + c^n)}{(b^n + c^n)(b^{n-1} + c^{n-1})}$$

$$+ \frac{b^n(c^{n-1} + a^{n-1}) - b^{n-1}(c^n + a^n)}{(c^n + a^n)(c^{n-1} + a^{n-1})}$$

$$+ \frac{c^n(a^{n-1} + b^{n-1}) - c^{n-1}(a^n + b^n)}{(a^n + b^n)(a^{n-1} + b^{n-1})}, \tag{4}$$

似乎没有可以合并的项,分母互不相同.

师:如果分母相同呢?

生:那就简单了.分子相加正好为 0.

师:这正是你要达到的目标.

生:但现在分母不同啊!

师:它们谁大谁小?

生:第一个分母最小,第三个分母最大.

师:能否都改成第二个分母?

生:第一个分式分子为正,分母改为第二个的分母,分式的值减少.第三个分式分子为负,分母改为第二个的分母,分式的值也减少.因此,分母都改成第二个的分母后,(4)的值减少,而这时值正好是 0.

师:什么定理也没有用,问题就解决了.真可谓"兵不血刃".

生:(2)也是这样.仍将分母化成与 $(c^n + a^n)(c^{n-1} + a^{n-1})$ 相同.分子是

$$a^{n+1}b^{n-1} - 2a^n b^n + b^{n+1}a^{n-1} + a^{n+1}c^{n-1} - 2c^n a^n$$

$$+ a^{n-1}c^{n+1} + b^{n+1}c^{n-1} - 2b^n c^n + b^{n-1}c^{n+1}$$

$$= a^{n-1}b^{n-1}(a-b)^2 + b^{n-1}c^{n-1}(b-c)^2$$
$$+ c^{n-1}a^{n-1}(c-a)^2$$
$$\geqslant 0.$$

例 30　已知 $b+c \geqslant a \geqslant b \geqslant c \geqslant 0$. 求证：

$$2\left(\frac{a}{b} + \frac{b}{c} + \frac{c}{a}\right) \geqslant \frac{a}{c} + \frac{c}{b} + \frac{b}{a} + 3. \tag{1}$$

证明　去分母，(1)等价于

$$2(a^2c + b^2a + c^2b) \geqslant a^2b + ac^2 + b^2c + 3abc, \tag{2}$$

(2)式左边减右边得

$$a^2(c-b) + b^2(a-c) + c^2(b-a) + ac(a-b)$$
$$+ ab(b-c) + bc(c-a)$$

$$= a(a-b)(c-b) + b(b-c)(a-c) + c(a-b)(a-c)$$

$$\geqslant (a-b)(b-c)(b+c-a)$$

$$\geqslant 0, \tag{3}$$

易知当且仅当 $a=b=c$ 时，(1)中等号成立.

本题倒数第二步是关键. 以负项 $-a(a-b)(b-c)$ 为标准，提出它的因式 $(a-b)(b-c)$. 另两项的因式 $(a-c)(b-c)$，$(a-b)(a-c)$ 均不比它小. 提取"公"因式，形成了不等式，导出结果.

在不等式的证明中，需要胆大心细、敢于放缩，不要畏首畏尾、顾虑重重，而要大刀阔斧、奋勇向前.

例 31　a, b, c 为正数. 证明：

$$\frac{a}{b+c} + \frac{b}{c+a} + \frac{c}{a+b} + \frac{16(ab+bc+ca)}{a^2+b^2+c^2} \geqslant 8. \tag{1}$$

证明　左边是 a, b, c 的对称式. 不妨设 $a \geqslant b \geqslant c$. 式子稍复杂，先取一个特例 $c=0$ 看看. 这时(1)成为

$$\frac{a}{b} + \frac{b}{a} + \frac{16ab}{a^2 + b^2} \geqslant 8. \tag{2}$$

（2）不难证明

$$左边 = \frac{a^2 + b^2}{ab} + \frac{16ab}{a^2 + b^2} \geqslant 2\sqrt{\frac{a^2 + b^2}{ab} \cdot \frac{16ab}{a^2 + b^2}} = 8,$$
$$\tag{3}$$

一般情况亦可由此得到启发：与（3）相同，

$$\frac{a^2 + b^2 + c^2}{ab + bc + ca} + \frac{16(ab + bc + ca)}{a^2 + b^2 + c^2} \geqslant 8, \tag{4}$$

只需证明

$$\frac{a}{b + c} + \frac{b}{c + a} + \frac{c}{a + b} \geqslant \frac{a^2 + b^2 + c^2}{ab + bc + ca}, \tag{5}$$

由于

$$\frac{a^2}{ab + bc + ca} \leqslant \frac{a^2}{ab + ca} = \frac{a}{b + c} \tag{6}$$

以及其他两个类似的不等式，（5）成立．

显然等号仅在 $c = 0$ 且 $\frac{a^2 + b^2}{ab} = \frac{16ab}{a^2 + b^2}$ 时成立．而后一式即

$$a^2 + b^2 = 4ab,$$

从而 $a = (2 \pm \sqrt{3})b$．

例 32　a, b, c 为正数．求证：

$$\frac{a}{b + c} \cdot \frac{b}{c + a} + \frac{b}{a + c} \cdot \frac{c}{a + b} + \frac{c}{a + b} \cdot \frac{a}{b + c} \geqslant \frac{3}{4}. \tag{1}$$

生：在例 27 中，有一个不等式

$$\frac{a}{b + c} + \frac{b}{c + a} + \frac{c}{a + b} \geqslant \frac{3}{2}, \tag{2}$$

在您的《数学竞赛研究教程》中也出现过（第 18 讲例 3）．

师:你还记得在那本书里(2)是怎么证的吗?

生:用排序原理.不妨设 $a \geqslant b \geqslant c$.这时

$$\frac{1}{b+c} \geqslant \frac{1}{a+c} \geqslant \frac{1}{a+b},$$

所以

$$\frac{a}{b+c} + \frac{b}{a+c} + \frac{c}{a+b} \geqslant \frac{b}{b+c} + \frac{c}{a+c} + \frac{a}{a+b},$$

$$\frac{a}{b+c} + \frac{b}{a+c} + \frac{c}{a+b} \geqslant \frac{c}{b+c} + \frac{a}{a+c} + \frac{b}{a+b}.$$

两式相加即产生(2).

现在同样设 $a \geqslant b \geqslant c$,则 $ab \geqslant ac \geqslant bc$,

$$\frac{1}{(b+c)(c+a)} \geqslant \frac{1}{(b+c)(a+b)} \geqslant \frac{1}{(a+b)(a+c)},$$

所以由排序原理,

$$\frac{ab}{(b+c)(c+a)} + \frac{ac}{(b+c)(a+b)} + \frac{bc}{(a+b)(a+c)}$$

$$\geqslant \frac{ac}{(b+c)(c+a)} + \frac{bc}{(b+c)(a+b)}$$

$$+ \frac{ab}{(a+b)(a+c)}, \tag{3}$$

$$\frac{ab}{(b+c)(c+a)} + \frac{ac}{(b+c)(a+b)} + \frac{bc}{(a+b)(a+c)}$$

$$\geqslant \frac{bc}{(b+c)(a+c)} + \frac{ab}{(b+c)(a+b)}$$

$$+ \frac{ac}{(a+b)(a+c)}, \tag{4}$$

如果还有

$$\frac{ab}{(b+c)(c+a)} + \frac{ac}{(b+c)(a+b)} + \frac{bc}{(a+b)(a+c)}$$

$$\geqslant \frac{c^2}{(b+c)(c+a)} + \frac{b^2}{(b+c)(a+b)}$$

$$+ \frac{a^2}{(a+b)(a+c)} \qquad\qquad (5)$$

那么三式相加,两边再同加上 $\dfrac{ab}{(b+c)(c+a)} + \dfrac{ac}{(b+c)(a+b)}$

$+ \dfrac{bc}{(a+b)(a+c)}$,便得

$$4\left(\frac{ab}{(b+c)(c+a)} + \frac{ac}{(b+c)(a+b)} + \frac{bc}{(a+b)(a+c)} \right) \geqslant 3,$$

即(1)成立.

但(5)一定成立吗?

师:(5)其实是一个恒等式.

生:真的吗? 去分母化为整式,(5)即

$$ab(a+b) + ac(a+c) + bc(b+c)$$

$$= c^2(a+b) + b^2(a+c) + a^2(b+c), \qquad (6)$$

再去括号,两边都是 $a^2b + ab^2 + a^2c + c^2a + b^2c + c^2b$.

于是(1)的证明就完成了.

师:其实,(1)的更简单的证法,就是一开始就直接去分母.

生:去分母? 繁不繁? 噢,并不繁,而且就是做过的例 6.

师:下面是某本书上的解答(附后),你看繁不繁?

生:太繁了! 兜了一个大圈子,先用几何,再用三角.那个三角不等式的证明就未必比本题简单.

师:可见朴实的解法往往是好的解法.

附"繁琐的解法".

略解:令 $a' = b+c, b' = a+c, c' = a+b$,因 a,b,c 是正数,则 a', b', c' 成为某一三角形的三边,记这个三角形为

$\triangle A'B'C'$，则

$$\frac{ab}{(a+c)(b+c)} = \frac{(-a'+b'+c')(a'-b'+c')}{4a'b'}$$

等，利用三角中的基本公式易得

$$(-a'+b'+c')(a'-b'+c') = 4\Delta' \tan\frac{C'}{2},$$

$$a'b' = \frac{2\Delta'}{\sin C'},$$

于是有

$$\frac{ab}{(a+c)(b+c)} = \sin^2\frac{C'}{2}$$

等，故所证不等式转化为

$$\sin^2\frac{A'}{2} + \sin^2\frac{B'}{2} + \sin^2\frac{C'}{2} \geqslant \frac{3}{4},$$

这是三角形中熟知的不等式，得证.

例 33　$a,b,c\in\mathbf{R}_+$，$n\geqslant 2$. 求证：

$$\frac{1}{a^n(b+c)} + \frac{1}{b^n(c+a)} + \frac{1}{c^n(a+b)}$$

$$\geqslant \frac{1}{2abc}\left(\frac{1}{a^{n-2}} + \frac{1}{b^{n-2}} + \frac{1}{c^{n-2}}\right). \tag{1}$$

证明　先看看 $n=2$ 的情况.

不妨设 $a\geqslant b\geqslant c$，则

$$\frac{1}{a} \leqslant \frac{1}{b} \leqslant \frac{1}{c}, \tag{2}$$

而

$$\frac{1}{b} + \frac{1}{c} \geqslant \frac{1}{c} + \frac{1}{a} \geqslant \frac{1}{a} + \frac{1}{b}, \tag{3}$$

即

$$\frac{bc}{b+c} \leqslant \frac{ca}{c+a} \leqslant \frac{ab}{a+b}. \tag{4}$$

由排序不等式

$$\frac{bc}{a(b+c)} + \frac{ca}{b(c+a)} + \frac{ab}{c(a+b)}$$

$$\geqslant \frac{bc}{b(b+c)} + \frac{ca}{c(c+a)} + \frac{ab}{a(a+b)}, \tag{5}$$

$$\frac{bc}{a(b+c)} + \frac{ca}{b(c+a)} + \frac{ab}{c(a+b)}$$

$$\geqslant \frac{bc}{c(b+c)} + \frac{ca}{a(c+a)} + \frac{ab}{b(a+b)}, \tag{6}$$

(5)+(6),得

$$2\left(\frac{bc}{a(b+c)} + \frac{ca}{b(c+a)} + \frac{ab}{c(a+b)}\right) \geqslant 3, \tag{7}$$

所以

$$\frac{1}{a^2(b+c)} + \frac{1}{b^2(c+a)} + \frac{1}{c^2(a+b)} \geqslant \frac{3}{2abc}. \tag{8}$$

对于一般的 n,设同上,仍有(2)、(4),并且由(4)得

$$\frac{bc}{a^{n-2}(b+c)} \leqslant \frac{ca}{b^{n-2}(c+a)} \leqslant \frac{ab}{c^{n-2}(a+b)}, \tag{9}$$

于是仍由排序不等式得

$$\frac{bc}{aa^{n-2}(b+c)} + \frac{ca}{bb^{n-2}(c+a)} + \frac{ab}{cc^{n-2}(a+b)}$$

$$\geqslant \frac{bc}{ba^{n-2}(b+c)} + \frac{ca}{cb^{n-2}(c+a)} + \frac{ab}{ac^{n-2}(a+b)}, \tag{10}$$

$$\frac{bc}{aa^{n-2}(b+c)} + \frac{ca}{bb^{n-2}(c+a)} + \frac{ab}{cc^{n-2}(a+b)}$$

$$\geqslant \frac{bc}{ca^{n-2}(b+c)} + \frac{ca}{ab^{n-2}(c+a)} + \frac{ab}{bc^{n-2}(a+b)}, \tag{11}$$

(10) + (11),得

$$2\left(\frac{bc}{a^{n-1}(b+c)} + \frac{ca}{b^{n-1}(c+a)} + \frac{ab}{c^{n-1}(a+b)}\right)$$

$$\geqslant \frac{1}{a^{n-2}} + \frac{1}{b^{n-2}} + \frac{1}{c^{n-2}}. \tag{12}$$

即(1)成立.

本题从 2 到 n,是一种推广.很多推广是平凡的,但也有些推广是本质的.本题的推广就不难,但也需小心,不要弄错.

例 34 设 $0 < a, b, c \leqslant 1$.求证:

$$\frac{a}{bc+1} + \frac{b}{ca+1} + \frac{c}{ab+1} \leqslant 2. \tag{1}$$

证明 在 $A > 0$ 时,函数 $\frac{x}{x+A}$ 在 $x > -A$ 时递增,即分子分母均正的真分数,在分子、分母同加一个正数时,分数的值增加.所以

$$\frac{a}{bc+1} \leqslant \frac{a+a}{bc+1+a} = \frac{2a}{bc+1+a}. \tag{2}$$

又 $b, c \leqslant 1$,所以

$$bc + 1 - b - c = (b-1)(c-1) \geqslant 0, \tag{3}$$

即

$$b + c \leqslant bc + 1, \tag{4}$$

$$\sum \frac{2a}{bc+1+a} \leqslant \sum \frac{2a}{b+c+a} = 2. \tag{5}$$

由(2)、(5)即得(1).

例 35 设 $a, b, c, \lambda > 0$,

$$a^{n-1} + b^{n-1} + c^{n-1} = 1(n \geqslant 2), \tag{1}$$

证明:

$$\frac{a^n}{b + \lambda c} + \frac{b^n}{c + \lambda a} + \frac{c^n}{a + \lambda b} \geq \frac{1}{1 + \lambda}. \tag{2}$$

证明 由 Cauchy 不等式

$$\left(\frac{a^n}{b + \lambda c} + \frac{b^n}{c + \lambda a} + \frac{c^n}{a + \lambda b} \right)$$

$$\cdot (a^{n-2}(b + \lambda c) + b^{n-2}(c + \lambda a) + c^{n-2}(a + \lambda b))$$

$$\geq (a^{n-1} + b^{n-1} + c^{n-1})^2 = 1. \tag{3}$$

不妨设 a, b, c 中, a 为最大. 由排序不等式

$$a^{n-2}b + b^{n-2}c + c^{n-2}a \leq a^{n-1} + b^{n-2}c + c^{n-2}b$$

$$\leq a^{n-1} + b^{n-1} + c^{n-1} = 1, \tag{4}$$

$$a^{n-2}c + b^{n-2}a + c^{n-2}b \leq a^{n-1} + b^{n-2}c + c^{n-2}b$$

$$\leq a^{n-1} + b^{n-1} + c^{n-1} = 1. \tag{5}$$

所以

$$a^{n-2}(b + \lambda c) + b^{n-2}(c + \lambda a) + c^{n-2}(a + \lambda b)$$

$$= (a^{n-2}b + b^{n-2}c + c^{n-2}a) + \lambda(a^{n-2}c + b^{n-2}a + c^{n-2}b)$$

$$\leq 1 + \lambda. \tag{6}$$

由(3)、(6)得(2).

注 1 Cauchy 不等式往往起着"去分母"的作用. 本题开头用 Cauchy 不等式, 既去掉分母, 又恰好用上条件(1).

注 2 用 Cauchy 不等式可以得出"下界". 但同时, 要定出所乘因式(本题是 $\sum a^{n-2}(b + \lambda c)$)的"上界". 如果上界无法定出甚或是"无穷大", 那么就得修改所乘因式, 或许根本不能用 Cauchy 不等式.

例 36 已知 x, y, z 都是正数. 求证:

$$x(y + z - x)^2 + y(z + x - y)^2 + z(x + y - z)^2$$

$$\geqslant 2xyz\left(\frac{x}{y+z}+\frac{y}{z+x}+\frac{z}{x+y}\right). \tag{1}$$

证明 由 Cauchy 不等式

$$(y+x)\left(\frac{(y+z-x)^2}{y}+\frac{(z+x-y)^2}{x}\right)$$

$$\geqslant (y+z-x+z+x-y)^2 = 4z^2, \tag{2}$$

所以

$$x(y+z-x)^2+y(z+x-y)^2 \geqslant \frac{4xyz^2}{x+y}, \tag{3}$$

将(3)与它轮换而得的另两个式子相加即得(1).

例 37 a,b,c 为正数. 证明：

$$\sum \frac{b+c}{4a+b+c} \geqslant 1. \tag{1}$$

证明 去分母

$$(1) \Leftrightarrow \sum (b+c)(4b+c+a)(4c+a+b)$$

$$\geqslant \prod (4a+b+c)$$

$$\Leftrightarrow \sum (b+c)(17bc+a^2+5ab+5ac+4b^2+4c^2)$$

$$\geqslant 78abc+21\sum a^2(b+c)+4\sum a^3$$

$$\Leftrightarrow 8\sum a^3+30abc+27\sum a^2(b+c)$$

$$\geqslant 78abc+21\sum a^2(b+c)+4\sum a^3$$

$$\Leftrightarrow 4\sum a^3+6\sum a^2(b+c) \geqslant 48abc. \tag{2}$$

最后的不等式显而易见：

$$4\sum a^3 \geqslant 12abc, \tag{3}$$

$$\sum a^2(b+c) \geqslant 6\sqrt[6]{a^4bcb^4cac^4ab} = 6abc, \tag{4}$$

(3)+6×(4)即得(2)最后的不等式.

除最后一步需要放缩外,其他步骤都是基本的恒等变形.虽然繁一点,却是一种易于遵循而带普遍性的方法.不等式的证明即以这种变形为基础.这种解法,有人称之为"用蛮力"的解法.

又证　由于两边都是 a,b,c 的零次齐次式,不妨设 $a+b+c=1\left(\text{否则用}\dfrac{a}{a+b+c},\dfrac{b}{a+b+c},\dfrac{c}{a+b+c}\text{代替}a,b,c\right)$.

由 Cauchy 不等式,

$$\sum\frac{b+c}{4a+b+c}\cdot\sum(b+c)(4a+b+c)$$
$$\geqslant\left(\sum(b+c)\right)^2=4. \tag{5}$$

而

$$\sum(b+c)(4a+b+c)=\sum(1-a)(1+3a)$$
$$=5-3\sum a^2$$
$$\leqslant 5-\left(\sum a\right)^2=4, \tag{6}$$

由(5)、(6)即得(1).

例 38　设 x,y,z 为正数.证明:

$$\frac{y^2-x^2}{z+x}+\frac{z^2-y^2}{x+y}+\frac{x^2-z^2}{y+z}\geqslant 0. \tag{1}$$

证明　不妨设 x,y,z 中,x 最大.

（ⅰ）若 $y\geqslant z$,则由于 $y+z\leqslant x+z\leqslant x+y$,

(1)的左边

$$=\left(\frac{x^2-y^2}{y+z}-\frac{x^2-y^2}{x+z}\right)+\left(\frac{y^2-z^2}{y+z}-\frac{y^2-z^2}{x+y}\right)\geqslant 0.$$

（ⅱ）若 $z\geqslant y$,则 $y+z\leqslant x+y\leqslant x+z$,

(1)的左边

$$= \left(\frac{x^2 - z^2}{y + z} - \frac{x^2 - z^2}{x + z} \right) + \left(\frac{z^2 - y^2}{x + y} - \frac{z^2 - y^2}{x + z} \right) \geqslant 0.$$

评注 （1）称为 Janous 不等式，颇有名气，证明却十分容易（无非将其中一项拆为两项之和）.

例 39 设 a, b, c 为正实数.求证：

$$\frac{a^2 + bc}{b + c} + \frac{b^2 + ca}{c + a} + \frac{c^2 + ab}{a + b} \geqslant a + b + c. \qquad (1)$$

证明 （1）的两边都是 a, b, c 的对称式，可设 $a \geqslant b \geqslant c$.

（1）的左边有 bc, ca, ab 等项，可以与右边的 b, c, a 设法相消，即

$$\frac{bc}{b + c} - b = - \frac{b^2}{b + c}$$

等，所以（1）等价于

$$\frac{a^2 - b^2}{b + c} + \frac{b^2 - c^2}{c + a} + \frac{c^2 - a^2}{a + b} \geqslant 0, \qquad (2)$$

这就是 Janous 不等式.而现在只需处理 $a \geqslant b \geqslant c$ 的情况（（1）是一个对称式，而由它导出的（2）却只是轮换式，不是对称式.这是一个颇为有趣的现象），当然更为简单.

例 40 $a, b, c \in \mathbf{R}_+$.求证：

$$\frac{1}{a^3 + b^3 + abc} + \frac{1}{b^3 + c^3 + abc} + \frac{1}{c^3 + a^3 + abc} \leqslant \frac{1}{abc}.$$

$$(1)$$

证明 $a^3 + b^3 + abc = (a + b)(a^2 - ab + b^2) + abc$

$$\geqslant (a + b)ab + abc = ab(a + b + c).$$

所以

(1) 的左边 $\leqslant \sum \dfrac{1}{ab(a+b+c)} = \dfrac{1}{a+b+c}\sum \dfrac{1}{ab} = \dfrac{1}{abc}$.

例 41　设 x,y,z 为正数.证明:

$$\frac{y^2-zx}{z+x} + \frac{z^2-xy}{x+y} + \frac{x^2-yz}{y+z} \geqslant 0. \tag{1}$$

证明　设 $x\geqslant y\geqslant z$.因为

$$x^2 + y^2 + z^2 \geqslant xy + yz + zx, \tag{2}$$

所以在 $y^2\leqslant zx$ 时,

$$\frac{x^2-yz}{y+z} \geqslant \frac{xy-z^2}{y+z} + \frac{zx-y^2}{y+z} \geqslant \frac{xy-z^2}{x+y} + \frac{zx-y^2}{z+x}, \tag{3}$$

而在 $y^2\geqslant zx$ 时,

$$\frac{x^2-yz}{y+z} + \frac{y^2-zx}{z+x} \geqslant \frac{x^2-yz}{x+y} + \frac{y^2-zx}{x+y} \geqslant \frac{xy-z^2}{x+y}, \tag{4}$$

于是(1)成立.

例 42　设 a,b,c 都是正实数.求证:

$$\frac{(2a+b+c)^2}{2a^2+(b+c)^2} + \frac{(a+2b+c)^2}{2b^2+(c+a)^2} + \frac{(a+b+2c)^2}{2c^2+(a+b)^2} \leqslant 8. \tag{1}$$

证明　$4(2a^2+(b+c)^2) = 2(b+c)^2 + 2(2a)^2 + 2(b+c)^2$

$$\geqslant (b+c+2a)^2 + 2(b+c)^2. \tag{2}$$

所以

$$\frac{(2a+b+c)^2}{4(2a^2+(b+c)^2)} \leqslant \frac{(2a+b+c)^2}{2(b+c)^2+(2a+b+c)^2}. \tag{3}$$

因为 $A\geqslant 0$ 时,$\dfrac{x}{A+x}$ $(x>0)$ 是 x 的增函数,而

$$(2a+b+c)^2 \leqslant 2(a+b)^2 + 2(a+c)^2, \tag{4}$$

所以

$$\frac{(2a + b + c)^2}{2(b + c)^2 + (2a + b + c)^2}$$

$$\leqslant \frac{2(a + b)^2 + 2(a + c)^2}{2(b + c)^2 + 2(a + b)^2 + 2(a + c)^2}$$

$$= \frac{(a + b)^2 + (a + c)^2}{(b + c)^2 + (a + b)^2 + (a + c)^2}. \tag{5}$$

（1）的左边 $\leqslant 4\sum \dfrac{(a + b)^2 + (a + c)^2}{(b + c)^2 + (a + b)^2 + (a + c)^2} = 8.$

通过放大，使左边三个分式分母相同，都是 $(b + c)^2 + (a + b)^2 + (a + c)^2$，甚为成功.

例 43　设 a, b, c 为正实数. 求证：

$$\frac{b^3}{a^2 + 8bc} + \frac{c^3}{b^2 + 8ca} + \frac{a^3}{c^2 + 8ab} \geqslant \frac{a + b + c}{9}. \tag{1}$$

证明　记（1）的左边为 A，又令

$$B = b(a^2 + 8bc) + c(b^2 + 8ca) + a(c^2 + 8ab)$$

$$= 9(a^2 b + b^2 c + c^2 a),$$

由 Cauchy 不等式（还是去分母！）

$$AB \geqslant (b^2 + c^2 + a^2)^2. \tag{2}$$

如果

$$3(a + b + c)(a^2 + b^2 + c^2) \geqslant B, \tag{3}$$

那么

$$3(a + b + c)(a^2 + b^2 + c^2)A$$

$$\geqslant AB \geqslant (a^2 + b^2 + c^2)^2$$

$$\geqslant (a^2 + b^2 + c^2) \cdot \frac{(a + b + c)^2}{3}, \tag{4}$$

从而（1）成立.

我们有

$$(a + b + c)(a^2 + b^2 + c^2) - \frac{B}{3}$$

$$= a^3 + b^3 + c^3 + ab^2 + bc^2 + ca^2 - 2a^2 b - 2b^2 c - 2c^2 a$$

$$= a(a - b)^2 + b(b - c)^2 + c(c - a)^2 \geqslant 0,$$

即(3)成立.

例 44　已知 $0 \leqslant a, b, c \leqslant 1$. 求证:

$$(a + b + c)\left(\frac{1}{bc + 1} + \frac{1}{ca + 1} + \frac{1}{ab + 1}\right) \leqslant 5. \tag{1}$$

证明　先建立一个简单而有用的引理.

引理　如果 $0 \leqslant b, c \leqslant 1$,那么

$$1 + bc \geqslant b + c, \tag{2}$$

引理的证明:由已知

$$(1 - b)(1 - c) \geqslant 0,$$

上式展开即得(2).

现在证明(1).由引理,

$$(1) \text{ 的左边} = \sum\left(\frac{a}{bc + 1} + \frac{b + c}{bc + 1}\right)$$

$$\leqslant \sum\left(\frac{a}{bc + 1} + 1\right) = \sum \frac{a}{bc + 1} + 3. \tag{3}$$

因此,只需证明

$$\frac{a}{bc + 1} + \frac{b}{ca + 1} + \frac{c}{ab + 1} \leqslant 2, \tag{4}$$

由于 a, b, c 是对称的,可以设 $a \geqslant b \geqslant c$.

$$(4) \text{ 的左边} \leqslant 1 + \frac{b}{ca + 1} + \frac{c}{ab + 1} \leqslant 1 + \frac{b + c}{ca + 1}$$

$$\leqslant 1 + \frac{b + c}{bc + 1} \leqslant 1 + 1 = 2, \tag{5}$$

其中再次利用了引理.

"工欲善其事,必先利其器".做好一件事,工具很重要.例如攻城,需要种种工具,如云梯、撞城车、大炮等.没有适当的武器,难以奏效,有了适当的武器则易如反掌.引理就是适当的武器.

例 45　已知 $a, b, c > 0$.证明:

$$\left(a^3 + \frac{1}{b^3} - 1\right)\left(b^3 + \frac{1}{c^3} - 1\right)\left(c^3 + \frac{1}{a^3} - 1\right)$$

$$\leqslant \left(abc + \frac{1}{abc} - 1\right)^3. \tag{1}$$

证明　为叙述方便,记 $a^3 + \dfrac{1}{b^3} - 1 = A$, $b^3 + \dfrac{1}{c^3} - 1 = B$,

$c^3 + \dfrac{1}{a^3} - 1 = C$, $abc = D$.

因为

$$A + B > \frac{1}{b^3} + b^3 - 2 \geqslant 0, \quad B + C > 0, \quad C + A > 0,$$

所以 A, B, C 中至多有一个为负.而在恰有一个为负时,(1)显然成立.因此,以下设 A, B, C 均非负.

因为(1)的右边 $= \left(\dfrac{D^2 - D + 1}{D}\right)^3 = \dfrac{(1 + D^3)^3}{D^3(1 + D)^3}$,所以应注意由 A, B, C 的组合造出 $1 + D^3$ 来.我们有

$$b^3 A + B = a^3 b^3 + \frac{1}{c^3} = \frac{1}{c^3}(1 + D^3), \tag{2}$$

$$c^3 B + C = \frac{1}{a^3}(1 + D^3), \tag{3}$$

$$a^3 C + A = \frac{1}{b^3}(1 + D^3), \tag{4}$$

所以

$$(b^3 A + B)(c^3 B + C)(a^3 C + A) = \frac{(1 + D^3)^3}{D^3}. \qquad (5)$$

而

(5) 的左边 $= D^3 ABC + b^3 c^3 A^2 B + c^3 a^3 B^2 C + a^3 b^3 C^2 A$

$\qquad\qquad + b^3 A^2 C + c^3 B^2 A + a^3 C^2 B + ABC$

$\qquad \geqslant D^3 ABC + 3D^2 ABC + 3DABC + ABC$

$\qquad = (1 + D)^3 ABC, \qquad (6)$

所以

$$(1 + D)^3 ABC \leqslant \frac{(1 + D^3)^3}{D^3}, \qquad (7)$$

除以 $(1 + D)^3$ 得(1).

例 46　已知 $a, b, c \in \mathbf{R}_+$. 证明:

$$\sum \frac{(a + b)^2}{c^2 + ab} \geqslant 6. \qquad (1)$$

证明　不妨设 $a \geqslant b \geqslant c$. 易知

$$a^2 + bc \geqslant b^2 + ca, \quad a^2 + bc \geqslant c^2 + ab, \qquad (2)$$

$$(1) \Leftrightarrow \frac{a^2 + b^2 - 2c^2}{c^2 + ab} + \frac{a^2 + c^2 - 2b^2}{b^2 + ac} \geqslant \frac{2a^2 - c^2 - b^2}{a^2 + bc}. \qquad (3)$$

若 $a^2 + c^2 \geqslant 2b^2$, 则

(3)的左边 $\geqslant \dfrac{a^2 + b^2 - 2c^2}{a^2 + bc} + \dfrac{a^2 + c^2 - 2b^2}{a^2 + bc} = $ (3)的右边,

若 $a^2 + c^2 < 2b^2$, 则

$$(3) \Leftrightarrow \frac{2a^2 - b^2 - c^2}{c^2 + ab}\left(1 - \frac{c^2 + ab}{a^2 + bc}\right)$$

$$\geqslant \frac{2b^2 - c^2 - a^2}{b^2 + ac}\left(1 - \frac{b^2 + ac}{c^2 + ab}\right). \qquad (4)$$

这时又分为两种情况:

（ⅰ）$a \leqslant b + c$，因为

$$1 - \frac{b^2 + ac}{c^2 + ab} = \frac{(b - c)(a - b - c)}{c^2 + ab} \leqslant 0,$$

(4)显然成立.

（ⅱ）$a > b + c$. 因为

$$(a^2 + bc)(b^2 + ac) - (c^2 + ab)^2$$
$$= c(a^3 + b^3 - abc - c^3) \geqslant 0,$$

所以

$$1 - \frac{c^2 + ab}{a^2 + bc} \geqslant 1 - \frac{b^2 + ac}{c^2 + ab}. \tag{5}$$

又

$$\frac{2a^2 - b^2 - c^2}{2b^2 - c^2 - a^2} = 1 + \frac{3a^2 - 3b^2}{2b^2 - c^2 - a^2}$$
$$\geqslant 1 + \frac{a^2 - b^2}{b^2 + ac}$$
$$\geqslant 1 + \frac{ab - b^2 + c^2 - ac}{b^2 + ac}$$
$$= \frac{c^2 + ab}{b^2 + ac},$$

即

$$\frac{2a^2 - b^2 - c^2}{c^2 + ab} \geqslant \frac{2b^2 - c^2 - a^2}{b^2 + ac}, \tag{6}$$

由(5)、(6)相乘得(4).

例 47　设 a, b, c 为正实数. 求证：

$$\frac{a^3}{2a^2 - ab + 2b^2} + \frac{b^3}{2b^2 - bc + 2c^2} + \frac{c^3}{2c^2 - ca + 2a^2}$$
$$\geqslant \frac{a + b + c}{3}. \tag{1}$$

证明　(1)的两边都是 a,b,c 的轮换式.因此可设 a,b,c 三个数中,b 的大小居中(当然也可指定某个数为最大或某个数为最小.但这次笔者愿意指定居中的数,也无不可.这只是一种趣向,对证明并无实质影响).于是有两种情况,即(ⅰ)$a\geqslant b\geqslant c$,(ⅱ)$c\geqslant b\geqslant a$.

$$\sum \frac{a^3}{2a^2-ab+2b^2}-\frac{a+b+c}{3}$$

$$=\sum\left(\frac{a^3}{2a^2-ab+2b^2}-\frac{a}{3}\right)$$

$$=\sum\frac{a(a-b)(a+2b)}{3(2a^2-ab+2b^2)}. \tag{2}$$

接下去,将三项中有因式 $c-a$ 的项,根据 $c-a=-(a-b)-(b-c)$ 拆为两项,即上式等于

$$\frac{a(a-b)(a+2b)}{3(2a^2-ab+2b^2)}-\frac{c(a-b)(c+2a)}{3(2c^2-ca+2a^2)}+\frac{b(b-c)(b+2c)}{3(2b^2-bc+2c^2)}$$

$$-\frac{c(b-c)(c+2a)}{3(2c^2-ca+2a^2)}$$

$$=\frac{a-b}{3(2a^2-ab+2b^2)(2c^2-ca+2a^2)}(2a^4+5abc^2+4a^3b$$

$$-5a^3c-2b^2c^2-4ab^2c)$$

$$+\frac{b-c}{3(2b^2-bc+2c^2)(2c^2-ca+2a^2)}(-2c^4-5ab^2c$$

$$-4ac^3+5bc^3+2a^2b^2+4a^2bc)$$

$$=\frac{(a-b)(a^2-bc)(2a^2+2bc+4ab-5ac)}{3(2a^2-ab+2b^2)(2c^2-ca+2a^2)}$$

$$+\frac{(b-c)(ab-c^2)(2ab+2c^2+4ac-5bc)}{3(2b^2-bc+2c^2)(2c^2-ca+2a^2)}. \tag{3}$$

情况(ⅰ)中,$(a-b)(a^2-bc)$ 与 $(b-c)(ab-c^2)$ 均 $\geqslant 0$.

显然

$$2a^2 + 2bc + 4ab - 5ac \geqslant 0, \quad 2ab + 2c^2 + 4ac - 5bc \geqslant 0.$$

因此(1)成立.

情况(ⅱ)中,仍有$(a - b)(a^2 - bc) \geqslant 0,(b - c)(ab - c^2) \geqslant 0$.在$c \leqslant 2a$时,

$$2a^2 + 2bc + 4ab - 5ac \geqslant ac + 2bc + 2bc - 5ac \geqslant 0,$$

$$2ab + 2c^2 + 4ac - 5bc \geqslant bc + 2c^2 + 2c^2 - 5bc \geqslant 0.$$

所以(1)仍成立.

剩下$c \geqslant b \geqslant a$并且$c > 2a$的情况.由(2),只需证明

$$\frac{c(c - a)(c + 2a)}{2c^2 - ca + 2a^2} - \frac{b(c - b)(b + 2c)}{2b^2 - bc + 2c^2} \geqslant \frac{b}{3} \tag{4}$$

与

$$\frac{a(b - a)(a + 2b)}{2a^2 - ab + b^2} \leqslant \frac{b}{3}. \tag{5}$$

因为$c \geqslant 2a$,所以

$$2c^2 - ca + 2a^2 \leqslant 2c^2,$$

$$(c - a)(c + 2a) = c^2 + ac - 2a^2 \geqslant c^2,$$

从而

$$\frac{c(c - a)(c + 2a)}{2c^2 - ca + 2a^2} \geqslant \frac{c}{2}. \tag{6}$$

要证(4),只需证

$$\frac{3c - 2b}{6} \geqslant \frac{b(c - b)(b + 2c)}{2b^2 - bc + 2c^2}, \tag{7}$$

记$x = \dfrac{c}{b} \geqslant 1$,(7)即

$$6x^3 - 19x^2 + 14x + 2 \geqslant 0. \tag{8}$$

在 $x \geqslant 2$ 或 $1 \leqslant x \leqslant \dfrac{7}{6}$ 时，

$$6x^3 - 19x^2 + 14x + 2 = 2 + x(x-2)(6x-7) \geqslant 0.$$

在 $\dfrac{7}{6} < x < 2$ 时，

$$2 + x(x-2)(6x-7)$$

$$= 2 - \frac{1}{7}x(14-7x)(6x-7)$$

$$\geqslant 2 - \frac{1}{7}\left(\frac{x+14-7x+6x-7}{3}\right)^3$$

$$= 2 - \frac{49}{27} > 0.$$

于是(8)、(7)、(4)成立.

记 $y = \dfrac{b}{a} \geqslant 1$，(5)即

$$2y^3 - 7y^2 + 5y + 3 \geqslant 0. \tag{9}$$

在 $y \geqslant \dfrac{5}{2}$ 时，

$$2y^3 - 7y^2 + 5y + 3 = 3 + y(y-1)(2y-5) \geqslant 0.$$

在 $1 \leqslant y \leqslant \dfrac{5}{2}$ 时，

$$3 + y(y-1)(2y-5) = 3 - y(y-1)(5-2y)$$

$$\geqslant 3 - \left(\frac{y+y-1+5-2y}{3}\right)^3$$

$$= 3 - \frac{64}{27} > 0.$$

于是(9)、(5)成立.

　　本题是一道相当困难的问题. 困难在 $c \geqslant b \geqslant a$ 并且 $c > 2a$ 的情况，不能由(3)立即得出结论(至少笔者看不出来)，只好退

到 (2). 容易看出 $c = 2a$ 时,$\dfrac{c(c-a)(c+2a)}{2c^2 - ca + 2a^2} = \dfrac{c}{2}$. 在 $c = 2b$

时,(4) 的左边第二项为 $\dfrac{5}{8}b$,$\dfrac{c}{2} - \dfrac{5}{8}b = \dfrac{3}{8}b$. 所以 (4) 的右边不

应比 $\dfrac{3}{8}b$ 更大. 取 $\dfrac{b}{3}$ 作为右边,简单优美,正好它又可以充当 (5)

的右边. 当然,在未证明之前,(4)、(5) 都是假设. 如果不成立,就

需要更改,幸而它们都是正确的.

2.5　含分式的不等式(续)

本节继续讨论含分式的不等式. 本节的不等式都有一个已

知的约束条件(上节的 $a,b,c \geqslant 0$,也是条件,但本节的条件往

往是一个相等关系). 如何利用这个条件就成为证明这类不等式

的关键所在.

例 48　已知 a,b,c 为正数,并且

$$abc = 1, \tag{1}$$

求证:

$$a + b + c + \frac{1}{a} + \frac{1}{b} + \frac{1}{c} \leqslant 3 + \frac{b}{a} + \frac{c}{b} + \frac{a}{c}. \tag{2}$$

生:左、右两边都无法化简,去分母也比较麻烦.

师:只好将所有项都移到一边,再进行估计.

生:可不可以设 $a \geqslant b \geqslant c$?

师:右边只是 a,b,c 的轮换式. 只能设 a 最大. b,c 的大小

则有 $b \geqslant c$ 与 $b \leqslant c$ 两种情况. 不过,本题需要比较 a,b,c 与 1

的大小. a,b,c 的大小,暂时不必考虑.

由条件 (1),a,b,c 中至少有一个大于或等于 1,也至少有

一个小于或等于 1.

生:要证明

$$3 + \frac{b}{a} + \frac{c}{b} + \frac{a}{c} - (a + b + c) - \left(\frac{1}{a} + \frac{1}{b} + \frac{1}{c} \right) \geqslant 0.$$

$$(3)$$

我将项适当分配成 3 组. 3 应当拆为 3 个 1,分别与 a, b, c 搭配(相减). $1 - a$ 应当配 $\frac{a}{c} - \frac{1}{c}$,因为后者即 $\frac{a-1}{c}$,也有因式 $a - 1$. 于是

$$(3)的左边 = \frac{1}{c}(a-1)(1-c) + \frac{1}{a}(b-1)(1-a)$$

$$+ \frac{1}{b}(c-1)(1-b).　　　(4)$$

师:分组时注意公因式,分得很好. 接下来应当根据 a, b, c 与 1 的大小进行讨论了.

生:因为(1),可设 $a \geqslant 1$. b, c 与 1 的关系有以下 3 种:

(ⅰ) $b \geqslant 1 \geqslant c$;

(ⅱ) $c \geqslant 1 \geqslant b$;

(ⅲ) $b \leqslant 1, c \leqslant 1$.

师:可以简单一些. 不妨设 a, b, c 中有两个大于或等于 1.

生:为什么?

师:否则的话,用 $\frac{1}{c}$, $\frac{1}{b}$, $\frac{1}{a}$ 代替 a, b, c. 这时(3)的左边并不改变.

其次,可设 $a \geqslant 1, b \geqslant 1$.

生:因为(3)是 a, b, c 的轮换式. 如果 $b \geqslant 1, c \geqslant 1$,只需将 b, c, a 改记为 a, b, c 就可以了. 这样理解对吧?

师:对! 这些将情况归并的简单手段应当留心.

生:于是,只需讨论一种情况,即 $a \geqslant 1, b \geqslant 1, c \leqslant 1$.

这时(4)中第一、第三两项大于或等于 0,仅第二项小于或等于 0.但这几项很不一样,怎么处理为好? 如果展开又回到(3)了.

师:只需证明第一、第二两项之和大于或等于 0.

生:$\dfrac{1}{c}(a-1)(1-c) + \dfrac{1}{a}(b-1)(1-a)$

$$= \dfrac{a-1}{ac}(a(1-c) - c(b-1))$$

$$= \dfrac{a-1}{ac}\left(a - \dfrac{1}{a} + c - ac\right)$$

$$\geqslant \dfrac{a-1}{ac}(a - 1 + c - ac)$$

$$= \dfrac{(a-1)^2}{ac}(1-c) \geqslant 0.$$

师:只用前两项,就是大胆地舍去了第三项,减少了包袱,而且这两项有公因式 $a-1$ 可以提取,处理起来方便.

例 48$'$　条件同例 48.求证:

$$\left(a - 1 + \dfrac{1}{b}\right)\left(b - 1 + \dfrac{1}{c}\right)\left(c - 1 + \dfrac{1}{a}\right) \leqslant 1 \qquad (1)$$

证明　在 a, b, c, a 中必有相邻两项.前一项 $\geqslant 1$,后一项 $\leqslant 1$.可设 $b \geqslant 1, c \leqslant 1$.

(1) 的左边 $= (ab - b + 1)(bc - c + 1)(ca - a + 1)$.

而

$$(ab - b + 1)(ca - a + 1) = 2ab - b - a^2b + ac$$

$$= -b(1-a)^2 + ac \leqslant ac,$$

$$0 < bc - c + 1 = c(b-1) + 1 \leqslant b - 1 + 1 = b,$$

所以(1)的左边 $\leqslant ac \cdot b = 1$

本题是 2000 年 IMO 第 2 题,上面的解法表明 IMO 的题也不全是难题.

例 49　已知 $x,y,z \in \mathbf{R}_+$,并且

$$xyz = 1, \tag{1}$$

求证:

$$\frac{x^3}{(1+y)(1+z)} + \frac{y^3}{(1+z)(1+x)} + \frac{z^3}{(1+x)(1+y)} \geqslant \frac{3}{4}. \tag{2}$$

证明　$\displaystyle\sum \frac{x^3}{(1+y)(1+z)}$

$$= \frac{1}{(1+x)(1+y)(1+z)} \sum x^3(1+x). \tag{3}$$

令 $a = \dfrac{x+y+z}{3}$,则

$$a \geqslant \sqrt[3]{xyz} = 1, \tag{4}$$

$$\sum x^4 \geqslant \frac{1}{3}\left(\sum x^2\right)^2 \geqslant \frac{1}{3}\left[\frac{\left(\sum x\right)^2}{3}\right]^2 = 3a^4, \tag{5}$$

又

$$x^3 + y^3 - (x^2y + xy^2) = (x-y)^2(x+y) \geqslant 0,$$

所以

$$9\sum x^3 \geqslant \sum x^3 + 3\sum(x^2y + xy^2) + 6xyz = (x+y+z)^3,$$

即

$$\sum x^3 \geqslant 3a^3, \tag{6}$$

从而

$$\sum x^3(1 + x) \geqslant 3a^3 + 3a^4 = 3a^3(1 + a). \tag{7}$$

因为 $a \geqslant 1$，所以

$$4a^3 \geqslant 4a^2 \geqslant a^2 + 2a + 1 = (a + 1)^2, \tag{8}$$

$$\sum x^3(1 + x) \geqslant \frac{3}{4}(a + 1)^3, \tag{9}$$

又

$$(1 + x)(1 + y)(1 + z) \leqslant \left(\frac{1 + x + 1 + y + 1 + z}{3}\right)^3$$
$$= (1 + a)^3, \tag{10}$$

所以由(3)、(7)、(10)得

$$\sum \frac{x^3}{(1 + y)(1 + z)} \geqslant \frac{1}{(1 + a)^3} \cdot \frac{3}{4}(a + 1)^3 = \frac{3}{4},$$

(4)、(6)都是幂平均不等式的特例. 一般地, 设 $x_i(i = 1, 2, \cdots, n)$ 为 n 个非负实数, 则

$$\frac{1}{n}\sum_{i=1}^{n} x_i^m \geqslant \left(\frac{1}{n}\sum x_i\right)^m, \tag{11}$$

这称为幂平均不等式.

我们不用一般的幂平均不等式, 但应当知道幂和 $\sum x^3$ 最大, $\frac{1}{2}\sum x^2(y + z)$ 次之, $3xyz$ 最小. 四次式也有类似结果.

例 50　设 a, b, c 为正实数, 并且

$$abc = 1, \tag{1}$$

求证:

（ⅰ）$\dfrac{1}{1 + 2a} + \dfrac{1}{1 + 2b} + \dfrac{1}{1 + 2c} \geqslant 1$; $\tag{2}$

（ⅱ）$\dfrac{1}{1 + a + b} + \dfrac{1}{1 + b + c} + \dfrac{1}{1 + c + a} \leqslant 1$. $\tag{3}$

证明　(2)的证法很多.最简单的是直接去分母得与(2)等价的不等式

$$\sum (1 + 2b)(1 + 2c) = 3 + 4\sum a + 4\sum bc$$

$$\geqslant \prod (1 + 2a)$$

$$= 9 + 2\sum a + 4\sum ab, \qquad (4)$$

化简成

$$\sum a \geqslant 3. \qquad (5)$$

由于(1),

$$\sum a \geqslant 3\sqrt[3]{abc} = 3,$$

所以(2)成立.

这种用"蛮力"的方法,有时是很有效的.

(3)的两边同乘以$(1 + a + b)(1 + b + c)(1 + c + a)$后,

$$左边 = \sum \left(1 + a + b + b + c + \sum ab + b^2\right)$$

$$= 3 + 4\sum a + 3\sum ab + \sum a^2, \qquad (6)$$

$$右边 = 1 + \sum (a + b) + \sum (a + b)(b + c)$$

$$+ (a + b)(b + c)(c + a)$$

$$= 1 + 2\sum a + 3\sum ab + \sum a^2 + 2abc + \sum a^2(b + c)$$

$$= 2\sum a + 3\sum ab + \sum a^2 + \sum a \cdot \sum ab. \qquad (7)$$

由(6)、(7),

$$(3) \Leftrightarrow 3 + 2\sum a \leqslant \sum a \cdot \sum ab, \qquad (8)$$

利用(1)、(5),

$$\sum a \cdot \sum ab \geqslant \sum a \cdot 3\sqrt[3]{a^2 b^2 c^2} = 3\sum a \geqslant 3 + 2\sum a.$$

注 (2)、(3)的分母略有差异,不等号的方向便恰恰相反,所以放缩时应慎重,不可鲁莽行事.

(3)还可以这样证:令 $a = x^3, b = y^3, c = z^3$,则 $xyz = 1$,

$$\sum \frac{1}{1 + a + b} = \sum \frac{1}{xyz + x^3 + y^3}$$

$$\leqslant \sum \frac{1}{xyz + x^2 y + xy^2}$$

$$= \sum \frac{1}{xy(x + y + z)}$$

$$= \sum \frac{z}{x + y + z} = 1.$$

又条件(1)改为 $abc \geqslant 1$ 时,(3)仍成立,但(2)不再成立.

例 51 $x, y, z \in \mathbf{R}_+$,并且

$$xyz = 1, \tag{1}$$

求证:

$$\sum \frac{1}{x^2(y + 1) + 1} \geqslant 1. \tag{2}$$

证明 $\sum \frac{1}{x^2(y + 1) + 1} - 1$

$$= \sum \frac{yz}{x(y + 1) + yz} - \sum \frac{yz}{xy + yz + zx}$$

$$= \frac{1}{xy + yz + zx} \sum \frac{yz(z - 1)x}{x(y + 1) + yz},$$

所以(2)即

$$\frac{x - 1}{yz + zx + y} + \frac{y - 1}{zx + xy + z} + \frac{z - 1}{xy + yz + x} \geqslant 0. \tag{3}$$

不妨设 x, y, z 中 x 最大,则 $x \geqslant 1$.有以下三种情况:

(ⅰ) $y \geqslant 1, z \leqslant 1$.

$$(zx + xy + z) - (yz + zx + y)$$
$$= y(x - 1) + z(1 - y)$$
$$\geqslant (x - 1)(y - z) \geqslant 0,$$
$$(xy + yz + x) - (zx + xy + z)$$
$$= x - z - z(x - y) \geqslant 0, \qquad\qquad (4)$$

而

$$(x - 1) + (y - 1) + (z - 1) = x + y + z - 3$$
$$\geqslant 3 \sqrt[3]{xyz} - 3 = 0,$$

所以由 $x + y + z \geqslant 3 \sqrt[3]{xyz} = 3$ 得

$$(3) \text{ 的左边} \geqslant \frac{(x - 1) + (y - 1) + (z - 1)}{xy + yz + x} \geqslant 0.$$

（ⅱ）$z \geqslant 1, y \leqslant 1$.

因为 $y(x - 1) + z(1 - y) \geqslant 0$，仍有 $zx + xy + z \geqslant yz + zx + y$. 而

$$x - z - z(x - y) \leqslant x - z - (x - y) \leqslant 0,$$

即(4)中不等号反向,所以

$$(3) \text{ 的左边} \geqslant \frac{(x - 1) + (y - 1) + (z - 1)}{zx + xy + z} \geqslant 0.$$

（ⅲ）$y \leqslant 1, z \leqslant 1$.

与（ⅱ）相同,$zx + xy + z \geqslant yz + zx + y$. 而

$$(xy + yz + x) - (yz + zx + y) = x(1 - z) + y(x - 1) \geqslant 0,$$

所以

$$(3) \text{ 的左边} \geqslant \frac{(x - 1) + (y - 1) + (z - 1)}{yz + zx + y} \geqslant 0.$$

将 1 化为三个分式之和,三个分式分母相同,分子分别与 (2)的左边三个分式的分子相同,然后将分子相同的分式相减产

生(3),再比较(3)的三个分式分母的大小(分情况讨论).这是笔者爱用的方法.

例 52　已知 $a,b,c \in \mathbf{R}_+$,并且

$$ab + bc + ca = 1, \tag{1}$$

求证:

$$\frac{1}{a^2+1} + \frac{1}{b^2+1} + \frac{1}{c^2+1} \leqslant \frac{9}{4}. \tag{2}$$

证明　去分母,(2)即

$$4\sum(a^2+1)(b^2+1) \leqslant 9(a^2+1)(b^2+1)(c^2+1), \tag{3}$$

化简为

$$9a^2b^2c^2 + \sum a^2 + 5\sum a^2b^2 \geqslant 3. \tag{4}$$

注意由于(1),$\sum a^2 \geqslant 1, 3\sum a^2b^2 \geqslant 1$ 均比较"大",而 $27a^2b^2c^2 \leqslant 1$ 比较"小".应将(4)左边较小的与较大的搭配.

因为

$$3a^2b^2c^2 + \frac{1}{3}a^2 \geqslant 2a^2bc, \tag{5}$$

所以

$$
\begin{aligned}
(4) \text{ 的左边} &= \sum\left(3a^2b^2c^2 + \frac{1}{3}a^2\right) + \frac{2}{3}\sum a^2 + 5\sum a^2b^2 \\
&\geqslant 2\sum a^2bc + 5\sum a^2b^2 + \frac{2}{3}\sum a^2 \\
&= \left(\sum ab\right)^2 + 4\sum a^2b^2 + \frac{2}{3}\sum a^2 \\
&= 1 + 4\sum a^2b^2 + \frac{2}{3}\sum a^2 \\
&\geqslant 1 + \frac{4}{3} + \frac{2}{3} = 3.
\end{aligned}
$$

去分母,将含分式的不等式化为整式的不等式,是最普通的方法.如果产生的整式不等式不难证明,那么这也是一种行之有效的方法.

注意(2)中等号在 $a = b = c = \dfrac{1}{\sqrt{3}}$ 时成立,所以在放缩时,决不能出现严格的(不带等号的)不等式.必须时时注意 $a = b = c = \dfrac{1}{\sqrt{3}}$ 使不等式变成等式,以防止发生错误(包括计算错误).正因为如此,(5)的左边两项 $3a^2b^2c^2$ 与 $\dfrac{1}{3}a^2$ 在 $a = b = c = \dfrac{1}{\sqrt{3}}$ 时应当相等(否则(5)就成严格的不等式了).

例 53　已知 $a, b, c \in \mathbf{R}_+$,并且

$$ab + bc + ca = 1, \tag{1}$$

求证:

$$\frac{1}{a + b} + \frac{1}{b + c} + \frac{1}{c + a} \geqslant \frac{5}{2}. \tag{2}$$

证明　不妨设 $a \geqslant b \geqslant c$.等号在 $c = 0, a = b = 1$ 时成立.这种不等式往往比等号在 $a = b = c$ 时成立的不等式难证.

解法的要点是将字母 c 消去.

如果 $a + b \geqslant 2$,那么 $\dfrac{1}{b + c} \geqslant \dfrac{ab + ac}{b + c} = a$,$\dfrac{1}{c + a} \geqslant b$,

$$\frac{1}{a + b} + \frac{1}{b + c} + \frac{1}{c + a} \geqslant \frac{1}{a + b} + (a + b)$$

$$\geqslant 2 + \frac{1}{2} = \frac{5}{2}. \tag{3}$$

最后一步根据两个正数的积一定时,它们的和在两数之差最小时,取最小值(由 $(x + y)^2 = (x - y)^2 + 4xy$ 导出这一

结论).

以下设 $a + b < 2$.

因为 $\dfrac{1}{b + c} = \dfrac{a + b}{(a + b)(b + c)} = \dfrac{a + b}{1 + b^2}$，$\dfrac{1}{a + c} = \dfrac{a + b}{1 + a^2}$，所以

(2)即

$$\frac{1}{a + b} + (a + b)\left(\frac{1}{1 + a^2} + \frac{1}{1 + b^2}\right) \geqslant \frac{5}{2}. \qquad (4)$$

令 $t = \dfrac{a + b}{2} < 1$，我们证明

$$\frac{1}{1 + a^2} + \frac{1}{1 + b^2} \geqslant \frac{2}{1 + t^2}, \qquad (5)$$

事实上，

$$(5) \Leftrightarrow \frac{1}{1 + b^2} - \frac{1}{1 + t^2} \geqslant \frac{1}{1 + t^2} - \frac{1}{1 + a^2}$$

$$\Leftrightarrow (t + b)(1 + a^2) \geqslant (t + a)(1 + b^2)$$

$$\Leftrightarrow t(a + b) + ab \geqslant 1$$

$$\Leftrightarrow (a + b)^2 + 2ab \geqslant 2. \qquad (6)$$

最后一个不等式由

$$(a + b)^2 + 2ab = 6ab \geqslant 2(ab + ac + bc) = 2 \qquad (7)$$

立即得出.

于是，由于(5)，不等式(4)可由

$$\frac{1}{2t} + \frac{4t}{1 + t^2} \geqslant \frac{5}{2} \qquad (8)$$

推出.而

$$(8) \Leftrightarrow 5t^3 - 9t^2 + 5t - 1 \leqslant 0$$

$$\Leftrightarrow (t - 1)(5t^2 - 4t + 1) \leqslant 0. \qquad (9)$$

因为 $5t^2 - 4t + 1 = 5\left(t - \dfrac{2}{5}\right)^2 + \dfrac{1}{5} > 0$，$t < 1$，所以(9)

成立.

　　本题不知有没有更好的解法(很想偷看一下"上帝的那本书").笔者原先的解法不对,这次写书时方始发现,赶紧重解,匆忙中找到上面的解法,或许不是最好的.不过,将不等式(2)化为二元的不等式(4),也不失为一条通向成功的途径.这里要注意的是"c 为最小",不可忽略这有用的信息.当然,最简单的情况($a+b \geqslant 2$)也应当先处理掉.这样才有 $t<1$,正好在(9)中应用.

　　例 54　$a,b,c \in \mathbf{R}_+$,并且

$$\frac{1}{a^2+1} + \frac{1}{b^2+1} + \frac{1}{c^2+1} = 2, \tag{1}$$

求证:

$$ab + bc + ca \leqslant \frac{3}{2}. \tag{2}$$

　　证明　由 Cauchy 不等式

$$\sum \left(1 - \frac{1}{a^2+1}\right) \sum (a^2+1) = \sum \frac{a^2}{a^2+1} \sum (a^2+1)$$
$$\geqslant \left(\sum a\right)^2. \tag{3}$$

　　由于(1),上式即

$$\sum (a^2+1) \geqslant \left(\sum a\right)^2, \tag{4}$$

所以

$$3 \geqslant 2\sum ab, \tag{5}$$

$$\sum ab \leqslant \frac{3}{2}.$$

例 55 已知 $a, b, c \in \mathbf{R}_+$，并且

$$\sum a = \sum ab, \tag{1}$$

求证：

$$\sum \frac{1}{a^2 + b^2 + 1} \leqslant 1. \tag{2}$$

证明 由 Cauchy 不等式

$$(a^2 + b + 1)(1 + b + c^2) \geqslant (a + b + c)^2, \tag{3}$$

所以

$$\frac{1}{a^2 + b + 1} \leqslant \frac{1 + b + c^2}{(a + b + c)^2}, \tag{4}$$

$$\sum \frac{1}{a^2 + b + 1} \leqslant \frac{3 + \sum a + \sum a^2}{(a + b + c)^2} = \frac{3 + \sum ab + \sum a^2}{(a + b + c)^2}, \tag{5}$$

因为

$$\left(\sum ab\right)^2 = \left(\sum a\right)^2 = \sum a^2 + 2\sum ab \geqslant 3\sum ab, \tag{6}$$

所以

$$\sum ab \geqslant 3, \tag{7}$$

由(5)、(7)得

$$\sum \frac{1}{a^2 + b + 1} \leqslant \frac{2\sum ab + \sum a^2}{(a + b + c)^2} = 1.$$

例 56 $a, b, c \in \mathbf{R}_+$，并且

$$\frac{1}{a + b + 1} + \frac{1}{b + c + 1} + \frac{1}{c + a + 1} \geqslant 1, \tag{1}$$

求证：

$$\sum a \geqslant \sum ab. \tag{2}$$

证明　由 Cauchy 不等式

$$\frac{1}{a+b+1} \leqslant \frac{a+b+c^2}{(a+b+c)^2},\tag{3}$$

求和并利用(1)

$$\frac{2\sum a + \sum a^2}{(a+b+c)^2} \geqslant \sum \frac{1}{a+b+1} \geqslant 1,\tag{4}$$

去分母,化简即得(2).

　　例 57　设 $a,b,c > 0$ 且

$$a^2 + b^2 + c^2 = 1,\tag{1}$$

求证:

$$\frac{1}{1-ab} + \frac{1}{1-bc} + \frac{1}{1-ca} \leqslant \frac{9}{2}.\tag{2}$$

　　证明　若 $a = 1$,则 $b = c = 0$,上式显然,以下设 a,b,c 均小于 1.

$$\sum \frac{1}{1-ab} = \sum \left(1 + \frac{ab}{1-ab}\right)\tag{3}$$

$$= 3 + \sum \frac{ab}{1-ab}\tag{4}$$

$$\leqslant 3 + \sum \frac{\frac{1}{4}(a+b)^2}{1 - \frac{1}{2}(a^2+b^2)}\tag{5}$$

$$= 3 + \frac{1}{2} \sum \frac{(a+b)^2}{(1-a^2)+(1-b^2)}\tag{6}$$

$$\leqslant 3 + \frac{1}{2} \sum \left(\frac{b^2}{1-a^2} + \frac{a^2}{1-b^2}\right)\tag{7}$$

$$= 3 + \frac{1}{2} \sum \left(\frac{b^2}{1-a^2} + \frac{c^2}{1-a^2}\right)$$

$$= \frac{9}{2},$$

(7)是由 Cauchy 不等式

$$((1 - a^2) + (1 - b^2)) \sum \left(\frac{b^2}{1 - a^2} + \frac{a^2}{1 - b^2} \right) \geqslant (a + b)^2$$

产生的. 注意 $1 - a^2$ 可以任意接近于 0，所以 $\frac{1}{1 - a^2}$ 非常之大. 但放一个接近于 0 的 b^2 在分子，分式 $\frac{b^2}{1 - a^2}$ 又小于 1 了. 这就是 (7)中为什么将 b^2，a^2 分别放在 $\frac{1}{1 - a^2}$，$\frac{1}{1 - b^2}$ 的分子上，而不是得出 $\frac{a^2}{1 - a^2} + \frac{b^2}{1 - b^2}$ 或 $\frac{1}{1 - a^2} + \frac{1}{1 - b^2}$ 的道理. 正因为(7)中需要 b^2，a^2 作分子，所以(6)的分子有 $(a + b)^2$. 并且(5)在由(4)放大而来时，分子、分母的变化需要略有不同$\left(\text{一个将 } ab \text{ 放大为} \frac{1}{4} (a + b)^2\text{，另一个将 } ab \text{ 放大为} \frac{1}{2} (a^2 + b^2)\right)$. 从而(3)将 $\frac{1}{1 - ab}$ 变为 $1 + \frac{ab}{1 - ab}$ 就是必须的，不如此就无法进行后来的由(4)到(5).

本题系 Vasile Cirtoaje 发表于 *Crux* 的不等式 3032.

例 58　已知 $x, y, z \geqslant 0$，并且

$$x^2 + y^2 + z^2 = 1, \tag{1}$$

求证：

（ⅰ）$\dfrac{x}{1 + yz} + \dfrac{y}{1 + zx} + \dfrac{z}{1 + xy} \geqslant 1$; $\tag{2}$

（ⅱ）$\dfrac{x}{1 - yz} + \dfrac{y}{1 - zx} + \dfrac{z}{1 - xy} \leqslant \dfrac{3\sqrt{3}}{2}$. $\tag{3}$

证明　要证(ⅰ),只需证

$$\frac{x}{1+yz} \geqslant x^2,　\tag{4}$$

即

$$x(1+yz) \leqslant 1,　\tag{5}$$

显然 $x \leqslant 1$ 并且

$$1-x = \frac{y^2+z^2}{1+x} \geqslant \frac{2yz}{1+x} \geqslant yz \geqslant xyz,　\tag{6}$$

所以(5)、(4)成立.从而(2)成立.

因为

$$2(1-yz) \geqslant 2-(y^2+z^2) = 1+x^2,$$

所以

$$\frac{x}{1-yz} \leqslant \frac{2x}{1+x^2}.　\tag{7}$$

要证(ⅱ),只需证

$$\frac{2x}{1+x^2} + \frac{2y}{1+y^2} + \frac{2z}{1+z^2} \leqslant \frac{3\sqrt{3}}{2},　\tag{8}$$

由 Cauchy 不等式

$$\frac{(1-x)^2}{1+x^2} + \frac{(1-y)^2}{1+y^2} + \frac{(1-z)^2}{1+z^2}$$

$$\geqslant \frac{(1-x+1-y+1-z)^2}{1+x^2+1+y^2+1+z^2}$$

$$= \frac{1}{4}(3-(x+y+z))^2$$

$$\geqslant \frac{1}{4}(3-\sqrt{3(x^2+y^2+z^2)})^2$$

$$= \frac{1}{4}(3-\sqrt{3})^2$$

$$= \frac{6 - 3\sqrt{3}}{2}.$$

所以

$$\frac{2x}{1 + x^2} + \frac{2y}{1 + y^2} + \frac{2z}{1 + z^2}$$

$$= 3 - \frac{(1 - x)^2}{1 + x^2} - \frac{(1 - y)^2}{1 + y^2} - \frac{(1 - z)^2}{1 + z^2}$$

$$\leqslant \frac{3\sqrt{3}}{2}.$$

例 59　a, b, c 为正实数,并且

$$a + b + c = 3, \tag{1}$$

求证:

$$\frac{1}{2 + a^2 + b^2} + \frac{1}{2 + b^2 + c^2} + \frac{1}{2 + c^2 + a^2} \leqslant \frac{3}{4}. \tag{2}$$

证明　直接对(2)的左边用 Cauchy 不等式"去分母"只能定出它的下界,而现在需要定出它的上界,所以应当先用 $\frac{3}{2}$ 减去(2)式两边,化为等价的

$$\frac{a^2 + b^2}{2(2 + a^2 + b^2)} + \frac{b^2 + c^2}{2(2 + b^2 + c^2)} + \frac{c^2 + a^2}{2(2 + c^2 + a^2)} \geqslant \frac{3}{4}. \tag{3}$$

由 Cauchy 不等式,

$$\left(6 + 2\sum a^2\right) \sum \frac{a^2 + b^2}{2(2 + a^2 + b^2)} \geqslant \left(\sum \sqrt{a^2 + b^2}\right)^2, \tag{4}$$

所以只需证明

$$\left(\sum \sqrt{a^2 + b^2}\right)^2 \geqslant \frac{3}{2}\left(6 + 2\sum a^2\right), \tag{5}$$

即

$$2\sum a^2 + 2\sum \sqrt{(a^2 + b^2)(a^2 + c^2)} \geqslant 9 + 3\sum a^2, \quad (6)$$

因为$(a^2 + b^2)(a^2 + c^2) \geqslant (a^2 + bc)^2$,所以(6)可由

$$2\sum a^2 + 2\sum (a^2 + bc) \geqslant 9 + 3\sum a^2 \quad (7)$$

推出.而(7)即$\left(\sum a\right)^2 \geqslant 9$.这由(1)立即得出.

例 60 已知$x, y, z \in \mathbf{R}_+$,并且

$$x + y + z = 1, \quad (1)$$

求证:

$$\sum \frac{1}{1 + x^2} \leqslant \frac{27}{10}. \quad (2)$$

证明 在$x = y = z = \frac{1}{3}$时,(2)的两边相等.

我们采用"局部化"的技术,即找一个一次函数$ax + b(a, b$为待定系数)"逼近"$\frac{1}{1 + x^2}$,它满足

$$\frac{1}{1 + x^2} \leqslant ax + b, \quad (3)$$

又有在$x = \frac{1}{3}$时,不仅(3)的两边相等,也就是函数

$$f(x) = (ax + b)(1 + x^2) - 1 \quad (4)$$

的值为0,而且$f(x)$的导数$2(ax + b)x + a(1 + x^2)$也为0$\Big($即

$ax + b$与$\frac{1}{1 + x^2}$的导数相同,但用$f(x)$稍方便些$\Big)$,即

$$\begin{cases} \dfrac{9}{10} = \dfrac{1}{3}a + b, & (5) \\[3mm] 2\left(\dfrac{1}{3}a + b\right) \times \dfrac{1}{3} + a\left(1 + \dfrac{1}{3^2}\right) = 0, & (6) \end{cases}$$

将(5)代入(6),得 $a = -\dfrac{27}{50}$. 从而 $b = \dfrac{27}{25}$.

$$f(x) = -\frac{27}{50}(x - 2)(1 + x^2) - 1 \text{ 在 } x = \frac{1}{3} \text{ 时,值为 } 0, \text{导数}$$

值也为 0,并且二阶导数 $f''(x) = 2(3ax + b)$ 在 $x = \dfrac{1}{3}$ 时的值

$$f''\left(\frac{1}{3}\right) = 2(a + b) > 0, \tag{7}$$

所以 0 是 $f(x)$ 的最小值,$(ax + b)(1 + x^2) - 1 \geqslant 0$,从而(3)成立.

于是,对上面求出的 a, b,由(3)得

$$\sum \frac{1}{1 + x^2} \leqslant a \sum x + 3b = a + 3b = \frac{27}{10}. \tag{8}$$

不等式

$$\frac{1}{1 + x^2} \leqslant \frac{27}{50}(2 - x) \tag{9}$$

可以直接证明:

$$(9) \Leftrightarrow 27x^3 - 54x^2 + 27x - 4 \leqslant 0, \tag{10}$$

即

$$(3x - 1)^2(3x - 4) \leqslant 0. \tag{11}$$

因为(1),$x \leqslant 1$,所以(11)成立.

由(9)求和,当然得出(2).但本题的困难在于发现逼近函数 $ax + b$ 的系数 a, b. 有了 a, b,验证并不困难.

例 61 正数 a, b, c 满足

$$a + b + c = 1, \tag{1}$$

证明:

$$\frac{1 + a}{1 - a} + \frac{1 + b}{1 - b} + \frac{1 + c}{1 - c} \leqslant 2\left(\frac{b}{a} + \frac{c}{b} + \frac{a}{c}\right). \tag{2}$$

证明　先证一个引理.

引理　设 $x \leqslant y \leqslant z, \alpha \leqslant \beta \leqslant \gamma$ 都是正数,并且
$$xyz = \alpha\beta\gamma = 1, \tag{3}$$
$\alpha \leqslant x, z \leqslant \gamma$,则
$$x + y + z \leqslant \alpha + \beta + \gamma. \tag{4}$$

证明引理的方法很多.例如先固定 z 及乘积 xy,将 x 变小,这时 y 变大,$x + y$ 变大(因为 $(x + y)^2 = (x - y)^2 + 4xy$ 在差 $y - x$ 增加时,$x + y$ 增加),直至 $x = \alpha$ 或 $y = \gamma$ 有一个出现.

若 $x = \alpha$ 而 $y \leqslant \gamma$.仍设 $y \leqslant z$(否则将 y, z 互调),固定 $x = \alpha$ 及乘积 yz.将 z 增大,这时 y 减少,差 $z - y$ 增大,同样有 $y + z$ 变大,直至 $z = \gamma$.在这过程中,(3)始终成立,所以最后有 $x = \alpha, z = \gamma, y = \beta$.从而(4)成立.

若 $x > \alpha$ 而 $y = \gamma$,则由(3),$z < \beta$.将字母 y, z 对调,然后保持 $z = \gamma$ 及乘积 xy 不变.将 x 变小,直至 $x = \alpha$.同样(4)成立.

回到原题.由于(1),
$$\frac{1+a}{1-a} + \frac{1+b}{1-b} + \frac{1+c}{1-c}$$
$$= \frac{a+b+a+c}{b+c} + \frac{b+c+b+a}{c+a} + \frac{c+a+c+b}{a+b}$$
$$= \left(\frac{a+b}{b+c} + \frac{b+c}{c+a} + \frac{c+a}{a+b} \right)$$
$$+ \left(\frac{a+c}{b+c} + \frac{b+a}{c+a} + \frac{c+b}{a+b} \right). \tag{5}$$
$$\frac{a+b}{b+c} \cdot \frac{b+c}{c+a} \cdot \frac{c+a}{a+b} = \frac{b}{a} \cdot \frac{c}{b} \cdot \frac{a}{c}$$
$$= \frac{a+c}{b+c} \cdot \frac{b+a}{c+a} \cdot \frac{c+b}{a+b} = 1,$$

并且

$$\frac{a+b}{b+c} \geqslant \min\left\{\frac{a}{c},1\right\} \geqslant \min\left\{\frac{a}{c},\frac{b}{a},\frac{c}{b}\right\},$$

$$\frac{a+b}{b+c} \leqslant \max\left\{\frac{a}{c},1\right\} \leqslant \max\left\{\frac{a}{c},\frac{b}{a},\frac{c}{b}\right\},$$

$\dfrac{b+c}{c+a},\dfrac{c+a}{a+b}$ 也是如此. 所以由引理

$$\frac{a+b}{b+c}+\frac{b+c}{c+a}+\frac{c+a}{a+b} \leqslant \frac{b}{a}+\frac{c}{b}+\frac{a}{c}. \tag{6}$$

同样

$$\frac{a+c}{b+c} \geqslant \min\left\{\frac{a}{c},\frac{c}{b}\right\} \geqslant \min\left\{\frac{a}{c},\frac{c}{b},\frac{b}{a}\right\},$$

$$\frac{a+c}{b+c} \leqslant \max\left\{\frac{a}{c},\frac{c}{b}\right\} \leqslant \max\left\{\frac{a}{c},\frac{c}{b},\frac{b}{a}\right\},$$

$\dfrac{b+a}{c+a},\dfrac{c+b}{a+b}$ 也是如此. 所以由引理

$$\frac{a+c}{b+c}+\frac{b+a}{c+a}+\frac{c+b}{a+b} \leqslant \frac{b}{a}+\frac{c}{b}+\frac{a}{c}. \tag{7}$$

由(5)、(6)、(7)得(2).

2.6　含根式的不等式

本节的不等式中出现了根式,证法更是各具特点. 套用托尔斯泰的话:"恒等式的证明都是一样的,不等式的证明却各有各的不同."

例 62　a,b,c 是正数. 求证:

$$\frac{1}{a(1+b)}+\frac{1}{b(1+c)}+\frac{1}{c(1+a)} \geqslant \frac{3}{\sqrt[3]{abc}(1+\sqrt[3]{abc})}. \tag{1}$$

证明　直接用 Cauchy 不等式,两边同乘 $\sum a(1 + b)$,不能奏效,因为 $\sum a(1 + b)$ 没有上界. 需要细致一些的工作.

记 $k = \sqrt[3]{abc}$,令 $a = \dfrac{kx}{z}\Big($ 其中 z 为任意正数,例如 $z = 1$,而 $x = \dfrac{az}{k}\Big)$,$b = \dfrac{ky}{x}\Big($ 即 $y = \dfrac{bx}{k}\Big)$,则 $c = \dfrac{kz}{y}$.(1)即

$$\sum \frac{z}{x + ky} \geqslant \frac{3}{1 + k}. \tag{2}$$

由 Cauchy 不等式,

$$\sum \frac{z}{x + ky} \cdot \sum z(x + ky) \geqslant \Big(\sum z\Big)^2 \geqslant 3\sum xy, \tag{3}$$

而

$$\sum z(x + ky) = (1 + k)\sum xy. \tag{4}$$

由(3)、(4)得(2).

上面的代换可以没有 z(取 $z = 1$ 或其他数),但用 3 个字母 x, y, z 更加整齐对称.这就是一种数学美.

例 63　已知 $a, b, c > 0$.证明:

$$\sqrt{(a^2 b + b^2 c + c^2 a)(ab^2 + bc^2 + ca^2)}$$
$$\geqslant abc + \sqrt[3]{(a^3 + abc)(b^3 + abc)(c^3 + abc)}. \tag{1}$$

证明　$(a^3 + abc)(b^3 + abc)(c^3 + abc)$

$$\geqslant 2\sqrt{a^3 \cdot abc} \cdot 2\sqrt{b^3 \cdot abc} \cdot 2\sqrt{c^3 \cdot abc}$$
$$= 8a^3 b^3 c^3, \tag{2}$$

所以只需证明比(1)更强的不等式

$$\sqrt{(a^2 b + b^2 c + c^2 a)(ab^2 + bc^2 + ca^2)}$$

$$\geqslant \frac{3}{2} \sqrt[3]{(a^3 + abc)(b^3 + abc)(c^3 + abc)} , \tag{3}$$

因为

$$2(a^2 b + b^2 c + c^2 a)$$

$$= (a^2 b + b^2 c) + (b^2 c + c^2 a) + (c^2 a + a^2 b)$$

$$\geqslant 3 \sqrt[3]{(a^2 b + b^2 c)(b^2 c + c^2 a)(c^2 a + a^2 b)}$$

$$= 3 \sqrt[3]{abc(a^2 + bc)(b^2 + ca)(c^2 + ab)} , \tag{4}$$

$$2(ab^2 + bc^2 + ca^2)$$

$$= (ab^2 + bc^2) + (bc^2 + ca^2) + (ca^2 + ab^2)$$

$$\geqslant 3 \sqrt[3]{abc(ab + c^2)(bc + a^2)(ca + b^2)} , \tag{5}$$

所以

$$2 \sqrt{(a^2 b + b^2 c + c^2 a)(ab^2 + bc^2 + ca^2)}$$

$$\geqslant 3 \sqrt[3]{abc(a^2 + bc)(b^2 + ca)(c^2 + ab)}$$

$$= 3 \sqrt[3]{(a^3 + abc)(b^3 + abc)(c^3 + abc)} ,$$

即(3)成立.

本题看似复杂,其实容易.一只纸老虎!

例 64　$x, y, z \in \mathbf{R}_+$.求证:

$$\frac{x + y + z}{3} \sqrt[3]{xyz} \leqslant \left(\frac{x + y}{2} \cdot \frac{y + z}{2} \cdot \frac{z + x}{2} \right)^{2/3} . \tag{1}$$

生:首先作恒等变形.两边三次方,去掉根号,变为

$$\left(\frac{x + y + z}{3} \right)^3 xyz \leqslant \left(\frac{(x + y)(y + z)(z + x)}{8} \right)^2 , \tag{2}$$

但乘开来,项很多,很繁啊!

师:你可以令

$$x + y + z = 1. \tag{3}$$

生:我不明白为什么能这样做.

师:这也就是在(2)的两边同时除以$(x+y+z)^6$,化为

$$\left(\frac{1}{3}\right)^3 \frac{x}{x+y+z} \cdot \frac{y}{x+y+z} \cdot \frac{z}{x+y+z}$$

$$\leqslant \left(\frac{1}{8} \cdot \left(\frac{x}{x+y+z} + \frac{y}{x+y+z}\right)\left(\frac{y}{x+y+z} + \frac{z}{x+y+z}\right)\right.$$

$$\left. \cdot \left(\frac{z}{x+y+z} + \frac{y}{x+y+z}\right)\right)^2,$$

然后再将$\frac{x}{x+y+z}$,$\frac{y}{x+y+z}$,$\frac{z}{x+y+z}$用x,y,z代替.如果你愿意,改用字母a,b,c也可以.

生:什么时候可以这样做?

师:在各项的次数相同时就可以这样做(现在(2)式两边都是6次式).

这种手法称为"正规化",极为常用,因为它可以使问题简化.当然这样做也有"损失",就是破坏了齐次性((2)的右边仍为6次,而左边只有3次了).

生:现在左边变为$\left(\frac{1}{3}\right)^3 xyz$,但右边仍有很多项.

师:也可利用(3)化简:$x+y=1-z$等.

生:$(x+y)(y+z)(z+x)$

$$= (1-z)(1-x)(1-y)$$

$$= 1 - (x+y+z) + \sum xy - xyz$$

$$= \sum xy - xyz. \tag{4}$$

这样(2)化为

$$64xyz \leqslant 27\left(\sum xy - xyz\right)^2, \tag{5}$$

简单多了!

由平均不等式,

$$\sum xy \geqslant 3\sqrt[3]{x^2y^2z^2}, \tag{6}$$

但 $3\sqrt[3]{x^2y^2z^2}$ 与 xyz 如何比较? 右边括号里的项平方后又如何与左边比较?

师:不能用(6).因为用(6)后,(5)的右边 z 的指数至少是 $\dfrac{4}{3}$.在 z 很小, x, y 都接近 $\dfrac{1}{2}$ 时,右边缩成比左边次数高的无穷小,不等式不能成立了.

生:那怎么办呢?

师:这正是本题最困难的地方.首先应当从 $\sum xy$ 中分出一部分与 xyz "抵消".在 $x = y = z = \dfrac{1}{3}$ 时, $\sum xy = \dfrac{1}{3}$, $xyz = \dfrac{1}{27}$, 所以希望有

$$\frac{1}{9}\sum xy \geqslant xyz. \tag{7}$$

生:这不难证

$$\frac{1}{xyz}\sum xy = \sum \frac{1}{x} = \sum x \cdot \sum \frac{1}{x} \geqslant 9.$$

师:或用 Cauchy 不等式

$$\sum xy = (xy + yz + zx)(z + x + y)$$

$$\geqslant (\sqrt{xyz} + \sqrt{xyz} + \sqrt{xyz})^2 = 9xyz.$$

总之,(7)成立.要证(5),只需证

$$64xyz \leqslant 27\left(\frac{8}{9}\sum xy\right)^2. \tag{8}$$

生:这也就是

$$\left(\sum xy\right)^2 \geqslant 3xyz, \tag{9}$$

但(6)却用不上.

师：可以利用一个简单的关于正数 A,B,C 的不等式

$$\left(\sum A\right)^2 = \sum A^2 + 2\sum AB \geqslant 3\sum AB. \tag{10}$$

生：在(10)中取 $A = xy, B = yz, C = zx$，便有

$$\left(\sum xy\right)^2 \geqslant 3\sum xy^2z = 3xyz\sum x = 3xyz.$$

大功告成！这题不太容易啊！

师：其实本题中的(2)可以拆为两个不等式：

(ⅰ) $3xyz(x + y + z) \leqslant \left(\sum xy\right)^2$;

(ⅱ) $8(x + y + z)\sum xy \leqslant 9(x + y)(y + z)(z + x)$.

生：这不就是我们做过的例 5 吗？这样看来，何必"正规化"呢？

师：如果事先就能看出原不等式能拆成上述两个不等式，当然更好.但我们是通过正规化，先将不等式变形、化简，才走到这一步的.

生：您是说，直到现在才发现(ⅰ)和(ⅱ)，有点像"事后诸葛亮"？

师：不过，事后诸葛比事后还不诸葛好.所谓事前诸葛也都是多次事后诸葛才变成的.

例 65 已知 $a,b,c \geqslant 0$.求证：

$$\sqrt{2a^2 + 5ab + 2b^2} + \sqrt{2b^2 + 5bc + 2c^2} + \sqrt{2c^2 + 5ca + 2a^2}$$
$$\leqslant 3(a + b + c). \tag{1}$$

证明 (1)的左边是三个根式的和，如果直接两边平方，问

题变得非常复杂.明智的办法是将(1)的右边也分为三项,分别与左边的三项对应.所谓"兵来将挡,水来土掩".但我们不应当企图用 $3a$ 与 $\sqrt{2a^2+5ab+2b^2}$ 对应,因为后者不仅含有 a,而且含有 b.合适的做法是将右边分为 $\dfrac{3}{2}(a+b)$, $\dfrac{3}{2}(b+c)$,

$\dfrac{3}{2}(c+a)$.即设法证明三个不等式:

$$\sqrt{2a^2+5ab+2b^2}\leqslant\frac{3}{2}(a+b), \tag{2}$$

$$\sqrt{2a^2+5ab+2b^2}\leqslant\frac{3}{2}(b+c), \tag{3}$$

$$\sqrt{2a^2+5ab+2b^2}\leqslant\frac{3}{2}(c+a), \tag{4}$$

(2)不难证明.平方,去分母得等价的不等式

$$4(2a^2+5ab+2b^2)\leqslant 9(a+b)^2. \tag{5}$$

因为

$$9(a+b)^2-4(2a^2+5ab+2b^2)=(a-b)^2\geqslant 0,$$

所以(5)、(2)成立.

同理(3)、(4)成立.

(2)、(3)、(4)相加即得(1).

本题的方法,在证明不等式时颇为常用,有人称之为"局部化".叫什么名称并不重要,重要的是善于正确地分配"兵力",恰好解决问题.当然,不是所有不等式都能用这种方法解决.

例 66　设 x,y,z 为正数.求证:

$$\frac{xyz(x+y+z+\sqrt{x^2+y^2+z^2})}{(x^2+y^2+z^2)(yz+zx+xy)}\leqslant\frac{3+\sqrt{3}}{9}. \tag{1}$$

证明　可设

$$x + y + z = 3, \tag{2}$$

否则将 x, y, z 分别换成 $\dfrac{3x}{x+y+z}, \dfrac{3y}{x+y+z}, \dfrac{3z}{x+y+z}$.

这时

$$xyz \leqslant \left(\frac{x+y+z}{3}\right)^3 = 1, \tag{3}$$

$$x^2 + y^2 + z^2 \geqslant \frac{1}{3}(x+y+z)^2 = x + y + z = 3, \tag{4}$$

所以

$$(3+\sqrt{3})(x^2 + y^2 + z^2)(yz + zx + xy)$$

$$= (3(x^2 + y^2 + z^2) + \sqrt{3}(x^2 + y^2 + z^2))(yz + zx + xy)$$

$$\geqslant (3(x+y+z) + \sqrt{3} \times \sqrt{3} \times \sqrt{x^2 + y^2 + z^2})$$

$$\times 3 \sqrt[3]{x^2 y^2 z^2}$$

$$= 9(x + y + z + \sqrt{x^2 + y^2 + z^2})(xyz)^{\frac{2}{3}}$$

$$\geqslant 9xyz(x + y + z + \sqrt{x^2 + y^2 + z^2}),$$

即(1)成立.

例 67　$a, b, c \in \mathbf{R}_+$. 求证:

$$\frac{a^2}{c} + \frac{b^2}{a} + \frac{c^2}{b} \geqslant \sqrt{3(a^2 + b^2 + c^2)}. \tag{1}$$

证明　(1)即

$$\left(\frac{a^2}{c} + \frac{b^2}{a} + \frac{c^2}{b}\right)^2 - 3(a^2 + b^2 + c^2) \geqslant 0. \tag{2}$$

左边是 a, b, c 的轮换式,可设 a 为最大.

设 $f(a) = \left(\dfrac{a^2}{c} + \dfrac{b^2}{a} + \dfrac{c^2}{b}\right)^2 - 3(a^2 + b^2 + c^2)$. 我们有

$$f(b) = \left(\frac{b^2}{c} + b + \frac{c^2}{b}\right)^2 - 3(2b^2 + c^2)$$

$$= \frac{b^4}{c^2} + \frac{c^4}{b^2} + \frac{2b^3}{c} + 2bc - c^2 - 5b^2$$

$$= \frac{b^4}{c^2} + \frac{c^4}{b^2} - c^2 - b^2 + \frac{2b}{c}(b - c)^2$$

$$= \frac{(b^2 + c^2)(b^2 - c^2)^2}{b^2 c^2} + \frac{2b}{c}(b - c)^2 \geqslant 0, \quad (3)$$

同样

$$f(c) = \left(c + \frac{b^2}{c} + \frac{c^2}{b}\right)^2 - 3(2c^2 + b^2)$$

$$= \frac{(b^2 + c^2)(b^2 - c^2)^2}{b^2 c^2} + \frac{2c}{b}(b - c)^2 \geqslant 0, \quad (4)$$

(即 $a = b$ 或 $a = c$ 时,(1)、(2)均成立).

于是只需证明 $f(a)$ 是 a 的增函数.这用导数很容易证明:

$$\frac{1}{2} f'(a) = \left(\frac{a^2}{c} + \frac{b^2}{a} + \frac{c^2}{b}\right)\left(\frac{2a}{c} - \frac{b^2}{a^2}\right) - 3a$$

$$= \frac{2a^3}{c^2} + \frac{b^2}{c} + \frac{2ac}{b} - \frac{b^4}{a^3} - \frac{bc^2}{a^2} - 3a$$

$$\geqslant \frac{2a^2}{c} + 2c - a - 3a$$

$$\geqslant 4a - a - 3a = 0, \quad (5)$$

其中 $\dfrac{2a^3}{c^2} \geqslant \dfrac{2a^2}{c}$,$\dfrac{b^2}{c} \geqslant \dfrac{b^2}{a} \geqslant \dfrac{b^4}{a^3}$,$\dfrac{2ac}{b} \geqslant 2c$,$\dfrac{bc^2}{a^2} \leqslant a$ 均为显然,$\dfrac{2a^2}{c}$

$+2c \geqslant 4a$ 也是显而易见.但都需要大胆地放或缩,不要"舍不得"丢弃该丢弃的项或因子.

不用导数也不难证.

由(3),

$$f(a) = \left(\frac{a^2}{c} + \frac{b^2}{a} + \frac{c^2}{b}\right)^2 - \left(\frac{b^2}{c} + b + \frac{c^2}{b}\right)^2 - 3(a^2 - b^2) + f(b)$$

$$\geqslant \left(\frac{a^2}{c} + \frac{b^2}{a} + \frac{c^2}{b} \right)^2 - \left(\frac{b^2}{c} + b + \frac{c^2}{b} \right)^2 - 3(a^2 - b^2)$$

$$= \left(\frac{a^2 - b^2}{c} + \frac{b^2}{a} - b \right) \left(\frac{a^2}{c} + \frac{b^2}{a} + \frac{c^2}{b} + \frac{b^2}{c} + b + \frac{c^2}{b} \right)$$
$$\quad - 3(a - b)(a + b)$$

$$= \frac{a - b}{ac}(a^2 + ab - bc) \left(\frac{a^2}{c} + \frac{b^2}{a} + \frac{c^2}{b} + \frac{b^2}{c} + b + \frac{c^2}{b} \right)$$
$$\quad - 3(a - b)(a + b)$$

$$\geqslant (a - b) \cdot \frac{a}{c} \left(\frac{a^2}{c} + \frac{b^2}{a} + \frac{c^2}{b} + \frac{b^2}{c} + b + \frac{c^2}{b} \right)$$
$$\quad - 3(a - b)(a + b)$$

$$= (a - b) \left(\frac{a^3}{c^2} + \frac{b^2}{c} + \frac{ac}{b} + \frac{ab^2}{c^2} + \frac{ab}{c} + \frac{ac}{b} \right)$$
$$\quad - 3(a - b)(a + b)$$

$$\geqslant (a - b) \left(a + 3b \sqrt[3]{\frac{a^2}{c^2}} + 2a \right) - 3(a - b)(a + b)$$

$$\geqslant (a - b)(3a + 3b) - 3(a - b)(a + b) = 0. \tag{6}$$

要敢于放缩,但又不能太过.这道题有不少项,如对它们的大小没有感觉,就会做得很繁.

笔者第一次做这题时,分 $b \geqslant c$ 与 $b < c$ 两种情况,分别利用(3)与(4),而用(4)比较麻烦.这一次发现根本不需要分两种情况,(4)完全可以取消,只用(3)就可以.原先用(3)时,将(6)中的减式 $3(a - b)(a + b)$ 放成 $6(a - b)a$,过大,所以必须用 $b \geqslant c$ 的条件.现在保留为 $3(a - b)(a + b)$,被减式中只需第二个括号大于或等于 $3a + 3b$ 就可以了.这就不再需要 $b \geqslant c$ 的条件.可见在选择解法时,不能轻率.选择宁可慢一些,往后可省去很多麻烦.

例 68　a，b，c 为正实数. 求证：

$$\frac{\sqrt{a^2+8bc}}{a}+\frac{\sqrt{b^2+8ca}}{b}+\frac{\sqrt{c^2+8ab}}{c}\geqslant 9. \qquad (1)$$

生：既有分母，又有根号. 如果两边平方……

师：两边平方，不能去掉根号，反而增加了一些项. 只有在左边只有一个根式时，才能通过乘方去掉根号.

生：那么，先用不等式

$$A+B+C\geqslant 3\sqrt[3]{ABC} \qquad (2)$$

将左边缩成一项再乘方.

师：这是很好的想法.

生：我只怕一下缩得太多. 先试试，"摸着石头过河". $a^3+b^3+c^3$ 之类，要小. 这是有把握的做法，不必胆怯.

生：可不可以设

$$abc=1. \qquad (3)$$

师：(1)式左边的每一项都相当于零次，当然可以设(3)成立$\left(\text{也就是用 }\dfrac{a}{\sqrt[3]{abc}}\text{ 等代替 }a，b，c\right)$.

生：于是，只需证

$$3\sqrt[6]{(a^2+8bc)(b^2+8ca)(c^2+8ab)}\geqslant 9 \qquad (4)$$

即

$$1+8(b^3c^3+c^3a^3+a^3b^3)+8^2(a^3+b^3+c^3)+8^3$$
$$\geqslant 3^6(=(1+8)^3), \qquad (5)$$

再应用(3)……

师：结果已是显然的，不必再往下做了.

下面是某杂志上的两种解法. 第一种不够自然，第二种不够简单.

证法 1：设 $x = \dfrac{\sqrt{a^2 + 8bc}}{a} > 1$，$y = \dfrac{\sqrt{b^2 + 8ac}}{b} > 1$，$z =$

$\dfrac{\sqrt{c^2 + 8ab}}{c} > 1$.

则 $(x^2 - 1)(y^2 - 1)(z^2 - 1) = 8\dfrac{bc}{a^2} \cdot 8\dfrac{ac}{b^2} \cdot 8\dfrac{ab}{c^2} = 8^3$.

$$8^3 = \left[(x - 1)(y - 1)(z - 1)\right] \cdot \left[(x + 1)(y + 1)(z + 1)\right]$$

$$\leqslant \left(\frac{x + y + z - 3}{3}\right)^3 \left(\frac{x + y + z + 3}{3}\right)^3$$

$$= \left[\frac{(x + y + z)^2 - 9}{9}\right]^3.$$

开方变形得

$$(x + y + z)^2 \geqslant 72 + 9 = 81,$$

则 $x + y + z \geqslant 9$.

证法 2：由平均值不等式，有

$$\frac{\sqrt{a^2 + 8bc}}{a}$$

$$= \frac{\sqrt{a^2 + bc + bc + bc + bc + bc + bc + bc + bc}}{a}$$

$$\geqslant \frac{\sqrt{9\sqrt[9]{a^2 b^8 c^8}}}{a} = \frac{3\sqrt[9]{ab^4 c^4}}{a}.$$

同理，$\dfrac{\sqrt{b^2 + 8ac}}{b} \geqslant \dfrac{3\sqrt[9]{a^4 bc^4}}{b}$，

$$\frac{\sqrt{c^2 + 8ab}}{c} \geqslant \frac{3\sqrt[9]{a^4 b^4 c}}{c}.$$

相加后再用平均值不等式，有

$$\frac{\sqrt{a^2 + 8bc}}{a} + \frac{\sqrt{b^2 + 8ac}}{b} + \frac{\sqrt{c^2 + 8ab}}{c}$$

$$\geqslant 3\left(\frac{\sqrt[9]{ab^4 c^4}}{a} + \frac{\sqrt[9]{a^4 bc^4}}{b} + \frac{\sqrt[9]{a^4 b^4 c}}{c} \right)$$

$$\geqslant 3 \times 3\sqrt[3]{\frac{\sqrt[9]{a^9 b^9 c^9}}{abc}} = 9.$$

例 69　$a, b, c \in \mathbf{R}_+$. 求证：

$$\sqrt{\frac{a}{b + c}} + \sqrt{\frac{b}{c + a}} + \sqrt{\frac{c}{a + b}} > 2. \tag{1}$$

师：虽然(1)是一个严格的不等式，但也可以先看一看两边能否接近相等.

生：如果 $c = 0$，而 $a = b$，那么左边 $= 2$. 所以在 $c \to 0$ 时，两边接近相等.

师：由于对称，不妨设 $a \geqslant b \geqslant c$. a, b 需同等对待，而 c 的地位有所不同.

生：依您的意思，是否先将 a, b 调整为相等？

师：是的.

生：设 $d = \dfrac{a + b}{2}$. 我们首先证明

$$\sqrt{\frac{a}{b + c}} + \sqrt{\frac{b}{a + c}} \geqslant 2\sqrt{\frac{d}{d + c}}. \tag{2}$$

因为

$$\sqrt{\frac{a}{b + c}} - \sqrt{\frac{d}{d + c}}$$

$$= \frac{\sqrt{a(d + c)} - \sqrt{d(b + c)}}{\sqrt{(b + c)(d + c)}}$$

$$= \frac{(a-b)d + c \cdot \dfrac{a-b}{2}}{\sqrt{(b+c)(d+c)}(\sqrt{a(d+c)} + \sqrt{d(b+c)})},$$

$$\sqrt{\frac{d}{d+c}} - \sqrt{\frac{b}{a+c}}$$

$$= \frac{\sqrt{d(a+c)} - \sqrt{b(d+c)}}{\sqrt{(d+c)(a+c)}}$$

$$= \frac{(a-b)d + c \cdot \dfrac{a-b}{2}}{\sqrt{(d+c)(a+c)}(\sqrt{d(a+c)} + \sqrt{b(d+c)})},$$

所以(2)等价于

$$\sqrt{a+c}(\sqrt{d(a+c)} + \sqrt{b(d+c)})$$

$$\geqslant \sqrt{b+c}(\sqrt{a(d+c)} + \sqrt{d(b+c)}), \tag{3}$$

即

$$\sqrt{d}(a-b) \geqslant \sqrt{d+c}(\sqrt{a(b+c)} - \sqrt{b(a+c)}), \tag{4}$$

而(4)的右边

$$= \frac{\sqrt{d+c} \cdot c(a-b)}{\sqrt{a(b+c)} + \sqrt{b(a+c)}}$$

$$< \frac{\sqrt{d+c} \cdot c(a-b)}{\sqrt{b(a+c)}}$$

$$\leqslant \sqrt{c}(a-b) \leqslant \sqrt{d}(a-b).$$

因此(4)、(3)、(2)成立.

师：因此，只需要证明在 $d \geqslant c$,

$$2\sqrt{\frac{d}{d+c}} + \sqrt{\frac{c}{2d}} > 2, \tag{5}$$

可以设 $d = 1\left(\text{否则用} \dfrac{c}{d} \text{代替} c\right)$. (5)成为

$$2\sqrt{\frac{1}{1+c}}+\sqrt{\frac{c}{2}}>2. \tag{6}$$

生:$2-2\sqrt{\dfrac{1}{1+c}}=\dfrac{2\sqrt{1+c}-1}{\sqrt{1+c}}$

$$=\frac{2c}{\sqrt{1+c}\,(\sqrt{1+c}+1)}$$

$$=\frac{2c}{1+c+\sqrt{1+c}}$$

$$\leqslant\frac{2c}{2+c}$$

$$\leqslant\frac{2c}{2\sqrt{2c}}$$

$$=\sqrt{\frac{c}{2}}.$$

因此(6)、(5)成立.(1)成立.

师:本题的解法中,多次用到分子有理化.在作估计时,分子有理化比分母有理化更为常用.

例 70　已知 $a,b,c>0$.求证:

$$\frac{63}{2}+\frac{(a+b+c)(a^2+b^2+c^2)}{abc}\geqslant\frac{27}{2}\frac{a+b+c}{\sqrt[3]{abc}}. \tag{1}$$

证明　两边都是 a,b,c 的对称式,可设 $a\geqslant b\geqslant c$.又两边的项(相乘的写出乘积)都是 a,b,c 的 0 次齐次式,所以可设

$$abc=1 \tag{2}$$

$\left(\text{否则用}\dfrac{a}{\sqrt[3]{abc}},\dfrac{b}{\sqrt[3]{abc}},\dfrac{c}{\sqrt[3]{abc}}\text{代替}a,b,c\right)$.于是

$$a+b+c\geqslant3\sqrt[3]{abc}=3,\quad a+b\geqslant2,$$

$$a^2+b^2+c^2\geqslant3\sqrt[3]{a^2b^2c^2}=3. \tag{3}$$

令

$$f(a,b,c)$$

$$= \frac{63}{2} + (a+b+c)(a^2+b^2+c^2) - \frac{27}{2}(a+b+c),$$

$$\tag{4}$$

其中 a,b,c 适合(2).

固定 c. b 是 a 的函数,

$$b = \frac{1}{ac}, \tag{5}$$

导数为

$$b' = -\frac{1}{a^2 c} = -\frac{b}{a}. \tag{6}$$

这时 f 是一元函数,a 是自变量,f 对 a 的导数为

$$f' = \left(1 - \frac{b}{a}\right)(a^2+b^2+c^2) + 2(a+b+c)\left(a - \frac{b^2}{a}\right)$$

$$- \frac{27}{2}\left(1 - \frac{b}{a}\right)$$

$$= \left(1 - \frac{b}{a}\right)\left(a^2+b^2+c^2 + 2(a+b+c)(a+b) - \frac{27}{2}\right)$$

$$\geqslant \left(1 - \frac{b}{a}\right)\left(3 + 2 \times 3 \times 2 - \frac{27}{2}\right) > 0. \tag{7}$$

因此 f 是 a 的增函数,在 $a = b = \dfrac{1}{\sqrt{c}}$ 时,f 的值最小. 即

$$f(a,b,c) \geqslant f\left(b,b,\frac{1}{b^2}\right)$$

$$= \frac{63}{2} + \left(2b + \frac{1}{b^2}\right)\left(2b^2 + \frac{1}{b^4}\right)$$

$$- \frac{27}{2}\left(2b + \frac{1}{b^2}\right), \tag{8}$$

而

$$2b^6 f\left(b, b, \frac{1}{b^2}\right)$$

$$= 63b^6 + 2(2b^3 + 1)(2b^6 + 1) - 27b^4(2b^3 + 1)$$

$$= 8b^9 - 54b^7 + 67b^6 - 27b^4 + 4b^3 + 2$$

$$= (b - 1)(8b^8 + 8b^7 - 46b^6 + 21b^5 + 21b^4$$

$$\quad - 6b^3 - 2b^2 - 2b - 2)$$

$$= (b - 1)^2(8b^7 + 16b^6 - 30b^5 - 9b^4$$

$$\quad + 12b^3 + 6b^2 + 4b + 2)$$

$$\geqslant (b - 1)^2\left(16b^6 - 30b^5 + \frac{225}{16}b^4 - \left(9 + \frac{225}{16}\right)b^4\right.$$

$$\quad \left. + 8b^7 + 12b^3 + 6b^2\right)$$

$$\geqslant (b - 1)^2\left(3\sqrt[3]{8 \times 12 \times 6} - \left(9 + \frac{225}{16}\right)\right)b^4$$

$$\geqslant \frac{15}{16}b^4(b - 1)^2 \geqslant 0.$$

因此(1)成立.

本题与函数的单调性有关. 而导数是研究函数单调性的有力工具.

以下不等式均带有一个已知的条件.

例 71 已知 $a, b, c \in \mathbf{R}_+$，并且

$$a + b + c = 1, \tag{1}$$

求证：

$$a^2 + b^2 + c^2 + 2\sqrt{3abc} \leqslant 1. \tag{2}$$

生：这道题，我先利用已知条件(1)，将(2)式右边的 1 写成 $(a + b + c)^2$.

师:很好啊! 为什么不写成 $a + b + c$ 呢?

生:因为写成 $(a + b + c)^2$ 后,下一步可以与右边抵消一些同类项.

师:解题就像下棋一样,不能只看一步.你能看到下一步,说明解题能力不错.

生:接下去化简,将(2)变为等价的不等式

$$\sqrt{3abc} \leqslant ab + bc + ca, \tag{3}$$

再平方,成为

$$3abc \leqslant a^2 b^2 + b^2 c^2 + c^2 a^2 + 2abc(a + b + c), \tag{4}$$

因为(1),所以上式又等价于

$$abc \leqslant a^2 b^2 + b^2 c^2 + c^2 a^2. \tag{5}$$

师:做得很好.

生:但接下去遇到了困难.我用平均不等式得

$$a^2 b^2 + b^2 c^2 + c^2 a^2 \geqslant 3\sqrt[3]{a^2 b^2 \cdot b^2 c^2 \cdot c^2 a^2} = 3abc\sqrt[3]{abc}, \tag{6}$$

但

$$3\sqrt[3]{abc} \leqslant a + b + c = 1, \tag{7}$$

(7)中不等号的方向正好与我希望的相反.由(6)得不到(5).

师:这表明将 $a^2 b^2 + b^2 c^2 + c^2 a^2$ 缩成 $3abc\sqrt[3]{abc}$((6)式)不恰当,缩得过分了,应当回到(5)重新开始.

生:想不出办法来.

师:对(5)的右边三项的和用平均不等式不能奏效,为何不试一试改用两项的和呢?

生:$a^2 b^2 + b^2 c^2 = b^2(a^2 + c^2) \geqslant 2ab^2 c,$

$$b^2 c^2 + c^2 a^2 \geqslant 2abc^2,$$

$$c^2 a^2 + a^2 b^2 \geqslant 2a^2 bc,$$

三式相加得

$$2(a^2 b^2 + b^2 c^2 + c^2 a^2) \geqslant 2abc(a + b + c) = 2abc.$$

即(5)成立.

师:原不等式化为(5),距离成功只有一步之遥.这时遇到挫折,不可轻易放弃,应当坚持住."为山九仞,功亏一篑",非常可惜.

子曰:"譬如为山,未成一篑,止,吾止也.譬如平地,虽覆一篑,进,吾往也."(《论语·子罕篇》)

例 72　设 x, y, z 为正实数,且

$$x + y + z = 1, \tag{1}$$

求证:

$$\sqrt{xy + yz} + \sqrt{yz + zx} + \sqrt{zx + xy} \leqslant \sqrt{2}. \tag{2}$$

证明　由于

$$(a + b + c)^2 \leqslant 3(a^2 + b^2 + c^2),$$

所以

$$(\sqrt{xy + yz} + \sqrt{yz + zx} + \sqrt{zx + xy})^2$$
$$\leqslant 3(xy + yz + yz + zx + zx + xy)$$
$$= 6(xy + yz + zx)$$
$$\leqslant 2(x + y + z)^2$$
$$= 2,$$

从而(2)成立.太容易了!

例 73　已知 $a, b, c \in \mathbf{R}_+$,并且

$$abc = 8, \tag{1}$$

求证:

$$\sum \frac{a^2}{\sqrt{(1+b^3)(1+c^3)}} \geqslant \frac{4}{3}. \tag{2}$$

证明　令 $a=2x, b=2y, c=2z$，则已知条件可改为

$$xyz = 1, \tag{3}$$

要证的结论(2)改为

$$\sum \frac{x^2}{\sqrt{(1+8y^3)(1+8z^3)}} \geqslant \frac{1}{3}. \tag{4}$$

因为

$$1 + 8y^3 = 1 + 4y^2 \cdot 2y \leqslant 1 + 4y^2(1 + y^2) = (1 + 2y^2)^2,$$

所以(4)可由

$$\sum \frac{x^2}{(1+2y^2)(1+2z^2)} \geqslant \frac{1}{3} \tag{5}$$

推出.(这么容易就去掉根号是极快意之事!)

(5)即

$$3 \sum x^2(1 + 2x^2) \geqslant (1 + 2x^2)(1 + 2y^2)(1 + 2z^2). \tag{6}$$

$$(6) \Leftrightarrow \sum x^2 + 6 \sum x^4 \geqslant 9 + 4 \sum x^2 y^2. \tag{7}$$

(7)已经是显然的了:

$$4 \sum x^4 = 2 \sum (x^4 + y^4) \geqslant 4 \sum x^2 y^2,$$

$$2 \sum x^4 \geqslant 2 \times 3 \sqrt[3]{x^4 y^4 z^4} = 6,$$

$$\sum x^2 \geqslant 3 \sqrt[3]{x^2 y^2 z^2} = 3.$$

三式相加即得(7).

例 74　设 x, y, z 为正实数,并且

$$\frac{1}{x} + \frac{1}{y} + \frac{1}{z} = 1, \tag{1}$$

求证:

$$\sqrt{x + yz} + \sqrt{y + zx} + \sqrt{z + xy} \geqslant \sqrt{xyz} + \sqrt{x} + \sqrt{y} + \sqrt{z}.$$

$$(2)$$

证明　条件(1)是倒数之和,不好! 宜改为

$$\alpha + \beta + \gamma = 1,$$

其中 $\alpha = \dfrac{1}{x}$, $\beta = \dfrac{1}{y}$, $\gamma = \dfrac{1}{z}$. 而(2)也应作相应变更,即在两边同

除以 $\sqrt{xyz}$, 化为等价的

$$\sqrt{\beta\gamma + \alpha} + \sqrt{\gamma\alpha + \beta} + \sqrt{\alpha\beta + \gamma} \geqslant 1 + \sqrt{\beta\gamma} + \sqrt{\gamma\alpha} + \sqrt{\alpha\beta},$$

$$(3)$$

但(3)中各式"不齐次",为此又化为

$$\sqrt{\beta\gamma + \alpha(\alpha + \beta + \gamma)} + \sqrt{\gamma\alpha + \beta(\alpha + \beta + \gamma)}$$
$$+ \sqrt{\gamma\beta + \gamma(\alpha + \beta + \gamma)}$$
$$\geqslant \alpha + \beta + \gamma + \sqrt{\beta\gamma} + \sqrt{\gamma\alpha} + \sqrt{\alpha\beta}.$$

$$(4)$$

现在右边每一项都是 1 次,左边每一项(每个根式)都是 1
次(就像用度量单位,都用"米",而不是有的用米,有的用平方
米,甚至立方米).

要证(4),只需证"局部不等式"

$$\sqrt{\beta\gamma + \alpha(\alpha + \beta + \gamma)} \geqslant \alpha + \sqrt{\beta\gamma}.$$

$$(5)$$

平方、整理,(5)等价于

$$\alpha(\beta + \gamma) \geqslant 2\alpha\sqrt{\beta\gamma},$$

$$(6)$$

而这是显然的.

例 75　已知 a, b, c 均大于 1,并且

$$a + b + c = 9,$$

$$(1)$$

证明:

$$\sqrt{ab + bc + ca} \leqslant \sqrt{a} + \sqrt{b} + \sqrt{c}. \tag{2}$$

证明　不妨设 $a \geqslant b \geqslant c$. 这时 $a \geqslant 3$.

先固定 c, 这时 b 是 a 的函数: $b = 9 - c - a$,(对 a 的)导数

$$b' = -1, \tag{3}$$

函数 $f(a) = \sqrt{a} + \sqrt{b} + \sqrt{c} - \sqrt{ab + bc + ac}$ 的导数

$$f'(a) = \frac{1}{2\sqrt{a}} - \frac{1}{2\sqrt{b}} - \frac{b - a}{2\sqrt{ab + bc + ac}}$$

$$= \frac{\sqrt{a} - \sqrt{b}}{2} \left[\frac{\sqrt{a} + \sqrt{b}}{\sqrt{ab + bc + ca}} - \frac{1}{\sqrt{ab}} \right]$$

$$> \frac{\sqrt{a} - \sqrt{b}}{2} \left[\frac{\sqrt{3}}{\sqrt{3ab}} - \frac{1}{\sqrt{ab}} \right] = 0.$$

因此,$f(a)$ 递增. 因为 $a \geqslant b$,所以 $f(a) \geqslant f(b)$,即

$$f(a) \geqslant 2\sqrt{b} + \sqrt{c} - \sqrt{b^2 + 2bc}, \tag{4}$$

其中 $b \geqslant c$ 并且

$$2b + c = 9. \tag{5}$$

只需证在 $3 \leqslant b \leqslant 4\left(= \frac{9-1}{2} \right)$ 时,

$$2\sqrt{b} + \sqrt{9 - 2b} - \sqrt{b^2 + 2b(9 - 2b)} \geqslant 0, \tag{6}$$

移项,平方得等价的不等式

$$9 + 2b + 4\sqrt{b(9 - 2b)} \geqslant 18b - 3b^2, \tag{7}$$

再将 $9 + 2b$ 移到右边,合并同类项后再平方,

$$(7) \Leftrightarrow 16b(9 - 2b) \geqslant (-3b^2 + 16b - 9)^2 \tag{8}$$

$$\Leftrightarrow 9b^4 - 96b^3 + 342b^2 - 432b + 81 \leqslant 0$$

$$\Leftrightarrow 3b^4 - 32b^3 + 114b^2 - 144b + 27 \leqslant 0$$

$$\Leftrightarrow (b - 3)^2(3b^2 - 14b + 3) \leqslant 0. \tag{9}$$

因为 $3b^2 - 14b + 3 = 3 - b(14 - 3b) < 3 - 3(14 - 3 \times 4) < 0$，所以(9)成立，从而(2)成立.

注意本题的条件 a, b, c 均大于 1 是有用的（从而 $b \leqslant 4$），否则命题不成立.

例 76 已知正数 a, b, c，满足

$$ab + bc + ca = 1, \tag{1}$$

求证：

$$\sqrt{a^3 + a} + \sqrt{b^3 + b} + \sqrt{c^3 + c} \geqslant 2\sqrt{a + b + c}. \tag{2}$$

证明 利用(1)可将根号内的项都写成三次的，即

$$(2) \Leftrightarrow \sum \sqrt{a(a + b)(a + c)}$$

$$\geqslant 2\sqrt{(a + b + c)(ab + bc + ca)} \tag{3}$$

两边平方，

$$(3) \Leftrightarrow \sum a^3 + \sum a^2(b + c) + 3abc$$

$$+ 2\sum \sqrt{ab(a + b)^2(a + c)(b + c)}$$

$$\geqslant 4(a + b + c)(ab + bc + ca)$$

$$\Leftrightarrow \sum a^3 - 9abc$$

$$\geqslant 3\sum a^2(b + c) - 2\sum \sqrt{ab(a + b)^2(a + c)(b + c)}$$

$$\Leftrightarrow \sum a^3 - 3abc$$

$$\geqslant 3(a + b)(b + c)(c + a)$$

$$- 2\sum (a + b)\sqrt{a(b + c) \cdot b(a + c)}$$

$$\Leftrightarrow \sum a^3 - 3abc$$

$$\geqslant \sum (a + b)(\sqrt{a(b + c)} - \sqrt{b(a + c)})^2, \tag{4}$$

因为

$$(a + b)(\sqrt{a(b+c)} - \sqrt{b(a+c)})^2$$

$$\leqslant (a + b)(\sqrt{a(b+c)} - \sqrt{b(a+c)})^2$$

$$\cdot \frac{(\sqrt{a(b+c)} + \sqrt{b(a+c)})^2}{ac + bc}$$

$$= c(a - b)^2, \tag{5}$$

所以,只需证明

$$\sum a^3 - 3abc \geqslant \sum c(a - b)^2, \tag{6}$$

而这就是 2.3 节例 26(3)的 Schur 不等式

$$\sum a^3 - \sum a^2(b + c) + 3abc \geqslant 0. \tag{7}$$

本题解法,完全用代数式的变形. 似乎笨拙,甚至"野蛮",却是一种普遍适用的方法.

变形中又以恒等变形为主,这可以检验我们基本运算的熟练程度.

不是恒等的变形(放缩),本题只有一步,即(5). 这一步正是本题的关键. 它不但消除了"无理性",而且将不等式化为熟悉的 Schur 不等式.

例 77 $x, y, z \geqslant 0$,满足

$$x + y + z = 1, \tag{1}$$

求证:

$$\sqrt{x + y^2} + \sqrt{y + z^2} + \sqrt{z + x^2} \geqslant 2. \tag{2}$$

证明 根式较多. 单纯依靠平方会使式子变得繁杂. 我们利用两个引理.

引理 1 设 a, b, c, d 为正数,$a + b = c + d$. 如果

$$c \geqslant \max\{a, b\} \quad (\text{或等价地}, d \leqslant \min\{a, b\}),$$

那么

$$\sqrt{a} + \sqrt{b} \geqslant \sqrt{c} + \sqrt{d}. \tag{3}$$

证明 (3)平方,等价于 $\sqrt{ab} \geqslant \sqrt{cd}$,而 $c - d \geqslant |a - b|$,

$$4ab = (a + b)^2 - (a - b)^2 \geqslant (c + d)^2 - (c - d)^2 = 4cd$$

所以(3)成立.

回到原题,不妨设 y 在 x, z 之间,即有两种情况:

(ⅰ) $x \geqslant y \geqslant z$, (ⅱ) $z \geqslant y \geqslant x$.

对于(ⅰ)$(x + y)^2 = x(x + 2y) + y^2 \geqslant x(x + y + z) + y^2 = x + y^2 \geqslant y + z^2$,所以由引理 1,

$$\sqrt{x + y^2} + \sqrt{y + z^2}$$

$$\geqslant \sqrt{(x + y)^2} + \sqrt{x + y^2 + y + z^2 - (x + y)^2}$$

$$= x + y + \sqrt{y^2 + (x + y)z + z^2}$$

$$= x + y + \sqrt{y^2 + z}. \tag{4}$$

对于(ⅱ),前面的不等号反向,即

$$(x + y)^2 \leqslant x(x + y + z) + y^2 = x + y^2 \leqslant y + z^2,$$

所以(4)仍成立.

于是,要证(2)只需证

$$\sqrt{z + x^2} + \sqrt{z + y^2} \geqslant 1 + z. \tag{5}$$

引理 2 设 $a_i, b_i \geqslant 0 (i = 1, 2)$,则

$$\sqrt{a_1^2 + b_1^2} + \sqrt{a_2^2 + b_2^2}$$

$$\geqslant \sqrt{(a_1 + a_2)^2 + (b_1 + b_2)^2}. \tag{6}$$

证明 如图 2.1 所示,作直角三角形 BDE, ABC,其中 $\angle C = 90°$,并且 $BE \parallel AC, DE \parallel BC, BC = a_1, DE = a_2, AC = b_1$,

$BE = b_2$. 这时,

$$\sqrt{a_1^2 + b_1^2} + \sqrt{a_2^2 + b_2^2} = AB + BD$$

$$\geqslant AD = \sqrt{(a_1 + a_2)^2 + (b_1 + b_2)^2}.$$

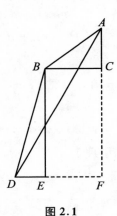

图 2.1

回到原题,由引理 2

$$\sqrt{z + x^2} + \sqrt{z + y^2} \geqslant \sqrt{(2\sqrt{z})^2 + (x + y)^2}$$

$$= \sqrt{4z + (1 - z)^2} = 1 + z.$$

因此(5)成立,从而(2)成立.

引理 2 可推广至 n 个字母:在 $a_i, b_i \geqslant 0 (i = 1, 2, \cdots, n)$时,

$$\sum \sqrt{a_i^2 + b_i^2} \geqslant \sqrt{\left(\sum a_i\right)^2 + \left(\sum b_i\right)^2}, \tag{7}$$

证法同上.(7)称为 Minkowski 不等式.

例 78 设 x, y, z 为正实数,且

$$x + y + z = 1, \tag{1}$$

求证:

$$\frac{xy}{\sqrt{xy+yz}} + \frac{yz}{\sqrt{yz+zx}} + \frac{zx}{\sqrt{zx+xy}} \leqslant \frac{\sqrt{2}}{2}. \tag{2}$$

证明　(2)的左边是三个根式之和,需多次平方才能将根号完全去掉.如果能先将左边放大,变成仅有一个根号的式子,那么只需平方一次就可以去掉根号.

有没有办法能使左边变成一个根号呢?

一种办法是利用

$$A + B + C \leqslant \sqrt{3(A^2 + B^2 + C^2)}, \tag{3}$$

将(2)的左边放大,而且变为只有一个根号的式子.遗憾的是产生的不等式 $3(A^2 + B^2 + C^2) \leqslant \frac{1}{2}$ 并不成立.此路不通!

另一种办法是利用 Jensen 不等式.

首先, $f(x) = \sqrt{x}$ 是凹函数,即

$$f''(x) = \left(\frac{1}{2\sqrt{x}}\right)' = -\frac{1}{4}x^{-\frac{3}{2}} \leqslant 0.$$

其次,由(1) x, y, z 可以作为"权",则

$$\sum x \sqrt{\frac{y}{x+z}} \leqslant \sqrt{\sum x \frac{y}{x+z}}. \tag{4}$$

很可惜,不等式

$$\sum \frac{xy}{x+z} \leqslant \frac{1}{2} \tag{5}$$

并不成立 $\left(例如取 z = 0, y > \frac{1}{2}\right)$.

但我们还可以调整,改取 $\frac{x+y}{2}, \frac{y+z}{2}, \frac{z+x}{2}$ 为"权"(这 3 个数的和为 1),于是

$$\sum \frac{xy}{\sqrt{xy + yz}} = \sum \frac{x + y}{2} \cdot \sqrt{\frac{4x^2 y}{(x + y)^2 (x + z)}}$$

$$\leqslant \sqrt{\sum \frac{x + y}{2} \cdot \frac{4x^2 y}{(x + y)^2 (x + z)}}$$

$$= \sqrt{\sum \frac{2x^2 y}{(x + y)(x + z)}}. \tag{6}$$

要证(2)只需证

$$4\sum \frac{x^2 y}{(x + y)(x + z)} \leqslant 1, \tag{7}$$

即

$$4\sum x^2 y(y + z) \leqslant (x + y)(y + z)(z + x), \tag{8}$$

因为

$$4\sum x^2 y(y + z) = 4\sum x^2 y^2 + 4xyz, \tag{9}$$

$$(x + y)(y + z)(z + x)$$

$$= \sum x^2 (y + z) + 2xyz$$

$$= \sum x^2 (y + z)(x + y + z) + 2xyz$$

$$= \sum x^3 (y + z) + \sum x^2 (y + z)^2 + 2xyz$$

$$= \sum x^3 (y + z) + 2\sum x^2 y^2 + 4xyz, \tag{10}$$

所以(8)即

$$2\sum x^2 y^2 \leqslant \sum x^3 (y + z), \tag{11}$$

由于 $x^3 y + xy^3 \geqslant 2x^2 y^2$ 等,知道(11)成立.从而(2)成立.

　　本题当然还有其他证法,但用 Jensen 不等式是最简单的一种,所以我们不得不用它一次.

第3章 含四个字母的不等式

字母虽比第2章多一个,解法却仍然是那一些,老一套.有时,还可以利用第1章两个字母的结果.

例 79 设长方体的长、宽、高分别为 a,b,c,对角线的长为 l.求证:

$$(l^4 - a^4)(l^4 - b^4)(l^4 - c^4) \geqslant 512a^4 b^4 c^4. \tag{1}$$

证明 熟知长方体的对角线与边长有如下关系:

$$l^2 = a^2 + b^2 + c^2, \tag{2}$$

所以

$$\begin{aligned}
l^4 - a^4 &= (l^2 + a^2)(l^2 - a^2) \\
&= (2a^2 + b^2 + c^2)(b^2 + c^2) \\
&\geqslant 4 \sqrt[4]{a^2 a^2 b^2 c^2} \times 2bc \\
&= 8abc \sqrt{bc}, \tag{3}
\end{aligned}$$

$$\prod (l^4 - a^4) \geqslant 8^3 a^3 b^3 c^3 \sqrt{a^2 b^2 c^2} = 512a^4 b^4 c^4. \tag{4}$$

本题右边只是一个乘积,证明甚为容易.如果乱作代换,反倒化简为繁了,不可取.

下面是一个带有条件的不等式(其实例 79 也是带有条件(2)的不等式).

例 80　设 a,b,c,d 为正实数,且

$$a + b + c + d = 1, \qquad (1)$$

求证:

$$6(a^3 + b^3 + c^3 + d^3) \geqslant a^2 + b^2 + c^2 + d^2 + \frac{1}{8}. \quad (2)$$

证明　$a^2 + b^2 + c^2 + d^2$

$$= (a^2 + b^2 + c^2 + d^2)(a + b + c + d)$$

$$= \sum a^3 + \sum a^2(b + c + d). \qquad (3)$$

因为

$$(a^3 + b^3) - (a^2 b + b^2 a) = (a - b)^2(a + b) \geqslant 0, \quad (4)$$

所以

$$a^3 + b^3 \geqslant a^2 b + b^2 a, \qquad (5)$$

从而

$$3\sum a^3 \geqslant \sum a^2(b + c + d), \qquad (6)$$

由(3)、(6),

$$4\sum a^3 \geqslant \sum a^2, \qquad (7)$$

从而由 Cauchy 不等式,

$$2\sum a^3 \geqslant \frac{1}{2}\sum a^2 = \frac{1}{8} \times 4\sum a^2 \geqslant \frac{1}{8}\left(\sum a\right)^2 = \frac{1}{8}.$$
$$\qquad (8)$$

由(7)、(8)即得(2).

本题直接证明(7),而未用"幂平均不等式".我们坚持"用尽量少的知识(工具),做尽量多的事情".

例81 设 a,b,c,d 为正实数,且

$$\frac{a^2}{1+a^2}+\frac{b^2}{1+b^2}+\frac{c^2}{1+c^2}+\frac{d^2}{1+d^2}=1, \tag{1}$$

求证:

$$abcd \leqslant \frac{1}{9}. \tag{2}$$

证明 在(1)的两边同乘 $(1+a^2)+(1+b^2)+(1+c^2)+(1+d^2)$,并应用 Cauchy 不等式得

$$4+\sum a^2 = \sum(1+a^2) \cdot \sum \frac{a^2}{1+a^2} \geqslant \left(\sum a\right)^2$$

$$= \sum a^2 + 2\sum ab, \tag{3}$$

化简得

$$2 \geqslant \sum ab \geqslant 6\sqrt[6]{abacadbcbdcd} = 6\sqrt{abcd}, \tag{4}$$

即(2)成立.

评注 本题是应用 Cauchy 不等式的典型.本题不宜滥用三角.(真有人用三角来做!)

例82 设 a,b,c,d 为正数,并且

$$ab+bc+cd+da=1, \tag{1}$$

求证:

$$\frac{a^3}{b+c+d}+\frac{b^3}{c+d+a}+\frac{c^3}{d+a+b}+\frac{d^3}{a+b+c} \geqslant \frac{1}{3}. \tag{2}$$

证明 由 Cauchy 不等式

$$\sum \frac{a^3}{b+c+d} \cdot \sum a(b+c+d) \geqslant \left(\sum a^2\right)^2. \tag{3}$$

又由 Cauchy 不等式

$$1 = (ab + bc + cd + da)^2$$

$$\leqslant (a^2 + b^2 + c^2 + d^2)(b^2 + c^2 + d^2 + a^2) = \left(\sum a^2\right)^2, \tag{4}$$

所以

$$3\left(\sum a^2\right)^2 \geqslant 3\sum a^2 \geqslant 2\sum a^2 + 2(ac + bd)$$

$$\geqslant 2 + 2(ac + bd)$$

$$= \sum a(b + c + d). \tag{5}$$

由(3)、(5),得

$$\sum \frac{a^3}{b + c + d} \cdot \sum a(b + c + d) \geqslant \frac{1}{3}\sum a(b + c + d), \tag{6}$$

即(2)成立.

例83 设 a, b, c, d 为正实数,满足

$$abcd = 1, \tag{1}$$

证明:

$$\frac{1}{(1 + a)^2} + \frac{1}{(1 + b)^2} + \frac{1}{(1 + c)^2} + \frac{1}{(1 + d)^2} \geqslant 1. \tag{2}$$

证明 由例34,

$$\frac{1}{(1 + a)^2} + \frac{1}{(1 + b)^2} \geqslant \frac{1}{1 + ab}, \tag{3}$$

$$\frac{1}{(1 + c)^2} + \frac{1}{(1 + d)^2} \geqslant \frac{1}{1 + cd}, \tag{4}$$

由(3)、(4)、(1),

$$\frac{1}{(1 + a)^2} + \frac{1}{(1 + b)^2} + \frac{1}{(1 + c)^2} + \frac{1}{(1 + d)^2}$$

$$\geqslant \frac{1}{1 + ab} + \frac{1}{1 + cd}$$

$$= \frac{1}{1 + ab} + \frac{1}{1 + \dfrac{1}{ab}} = 1.$$

例 84　设非负实数 a, b, c, d 满足

$$ab + bc + cd + da = 1, \tag{1}$$

证明:

$$\frac{a^3}{b + c + d} + \frac{b^3}{c + d + a} + \frac{c^3}{d + a + b} + \frac{d^3}{a + b + c} \geqslant \frac{1}{3}. \tag{2}$$

生:这就是例 82.但我有另一种证法.(1)可以写成

$$(a + c)(b + d) = 1, \tag{3}$$

所以 a 与 c 对称(a 与 c 互换不影响(1)与(2)的左边),b 与 d 对称.

师:是的.

生:设 $x = a + c, y = b + d$,则

$$xy = 1, \tag{4}$$

又可以证明

$$\frac{a^3}{b + c + d} + \frac{c^3}{b + d + a} \geqslant \frac{x^3}{2(2y + x)}. \tag{5}$$

这样(2)就由

$$\frac{x^3}{2y + x} + \frac{y^3}{2x + y} \geqslant \frac{2}{3} \tag{6}$$

推出.而(6)即例 3,我们刚好做过.

师:是的.本题当然也可以直接去做.如果利用例 3,那么只需要证明(5).(5)怎么证?

生:不妨设 $a \geqslant c$.

$$\frac{a^3}{b+d+c} + \frac{c^3}{b+d+a} - \frac{a^3+c^3}{b+d+\dfrac{a+c}{2}}$$

$$= \frac{a^3 \cdot \dfrac{a-c}{2}}{(b+d+c)\left(b+d+\dfrac{a+c}{2}\right)}$$

$$+ \frac{c^3 \cdot \dfrac{c-a}{2}}{(b+d+a)\left(b+d+\dfrac{a+c}{2}\right)}$$

$$= \frac{\dfrac{a-c}{2}}{b+d+\dfrac{a+c}{2}}\left(\frac{a^3}{b+d+c} - \frac{c^3}{b+d+a}\right)$$

$\geqslant 0$ （括号中被减式的分子 $a^3 \geqslant c^3$，而分母 $\leqslant$ 减式的分母）.
所以

$$\frac{a^3}{b+c+d} + \frac{c^3}{b+d+a}$$

$$\geqslant \frac{a^3+c^3}{b+d+\dfrac{a+c}{2}}$$

$$= \frac{2(a+c)(a^2-ac+c^2)}{2(b+d)+a+c}$$

$$\geqslant \frac{(a+c)(a^2+c^2)}{2(b+d)+a+c}$$

$$\geqslant \frac{x^3}{2(2y+x)}. \tag{7}$$

例 85 已知 a,b,c,d 为正实数，并且

$$a+b < c+d, \tag{1}$$

$$(a+b)(c+d) < ab+cd, \tag{2}$$

求证：

$$(a + b)cd > ab(c + d).\qquad(3)$$

证明　(2)的两边同乘 $a + b$ 得

$$(ab + cd)(a + b) > (a + b)^2(c + d) \geqslant 4ab(c + d),$$

所以

$$cd(a + b) > 4ab(c + d) - ab(a + b)$$
$$> 4ab(c + d) - ab(c + d)$$
$$= 3ab(c + d)$$
$$> ab(c + d).$$

本题可以导出其他三个问题.

问题 i　已知 a, b, c, d 为正实数，并且(1)成立，又有

$$(a + b)cd < ab(c + d),\qquad(4)$$

求证：

$$(a + b)(c + d) > ab + cd.\qquad(5)$$

证明　
$$(a + b)^2(c + d) \geqslant 4ab(c + d)$$
$$> ab(c + d) + ab(c + d)$$
$$> (a + b)cd + ab(a + b)$$
$$= (a + b)(ab + cd),$$

所以(5)成立.

问题 ii　已知 a, b, c 为正实数，并且(2)、(4)成立.求证：

$$a + b \geqslant c + d.\qquad(6)$$

证明　如果(6)不成立，那么(1)成立.由(1)、(2)导出(3)，与(4)矛盾.因此(6)成立.

不用反证法似比较困难.

问题 iii　已知 a, b, c 为正实数.(1)、(2)、(4)能否同时成

立？a,b,c 为实数呢？

证明　在 a,b,c 为正实数时，(1)、(2)、(4)当然不能同时成立.

在 a,b,c 不一定为正时，(1)、(2)、(4)可以同时成立. 取 a,b 为负，c,d 为正即可.

本题由一个问题引出三个问题，可谓"举一反三".

例 86　已知 a_1,a_2,a_3,a_4,k 都是正数，并且

$$\max(a_1,a_2,a_3,a_4) \leqslant k, \tag{1}$$

求证：

$$\frac{a_1^4 + a_2^4 + a_3^4 + a_4^4}{a_1 a_2 a_3 a_4}$$

$$\geqslant \frac{(2k - a_1)^4 + (2k - a_2)^4 + (2k - a_3)^4 + (2k - a_4)^4}{(2k - a_1)(2k - a_2)(2k - a_3)(2k - a_4)}. \tag{2}$$

证明　记 $b_i = 2k - a_i (1 \leqslant i \leqslant 4)$，则 $b_i \geqslant a_i$，

$$(b_i - b_j)^2 = (a_i - a_j)^2 \quad (1 \leqslant i,j \leqslant 4), \tag{3}$$

$$\frac{(a_1 - a_2)^4}{a_1 a_2 a_3 a_4} = \frac{(b_1 - b_2)^4}{a_1 a_2 a_3 a_4} \geqslant \frac{(b_1 - b_2)^4}{b_1 b_2 b_3 b_4}, \tag{4}$$

$$\frac{4 a_1 a_2 (a_1 - a_2)^2}{a_1 a_2 a_3 a_4} = \frac{4(b_1 - b_2)^2}{a_3 a_4}$$

$$\geqslant \frac{4(b_1 - b_2)^2}{b_3 b_4}$$

$$= \frac{4 b_1 b_2 (b_1 - b_2)^2}{b_1 b_2 b_3 b_4}, \tag{5}$$

$$\frac{a_1^2 a_2^2 + a_2^2 a_3^2 + a_1^2 a_4^2 + a_3^2 a_4^2}{a_1 a_2 a_3 a_4}$$

$$= \frac{(a_1^2 + a_3^2)(a_2^2 + a_4^2)}{a_1 a_2 a_3 a_4}$$

$$= \left(\frac{(a_1 - a_3)^2}{a_1 a_3} + 2 \right) \left(\frac{(a_2 - a_4)^2}{a_2 a_4} + 2 \right)$$

$$\geqslant \left(\frac{(b_1 - b_3)^2}{b_1 b_3} + 2 \right) \left(\frac{(b_2 - b_4)^2}{b_2 b_4} + 2 \right)$$

$$= \frac{b_1^2 b_2^2 + b_2^2 b_3^2 + b_1^2 b_4^2 + b_3^2 b_4^2}{b_1 b_2 b_3 b_4}, \tag{6}$$

$$2(a_1^4 + a_2^4 + a_3^4 + a_4^4)$$

$$= (a_1^4 + a_2^4) + (a_2^4 + a_3^4) + (a_1^4 + a_4^4) + (a_3^4 + a_4^4), \tag{7}$$

$$a_1^4 + a_2^4 = (a_1 - a_2)^4 + 4a_1 a_2 (a_1 - a_2)^2 + 2a_1^2 a_2^2, \tag{8}$$

所以(其中和号是对 4 个数对 $(1,2)$，$(2,3)$，$(1,4)$，$(3,4)$ 求和)

$$\frac{2(a_1^4 + a_2^4 + a_3^4 + a_4^4)}{a_1 a_2 a_3 a_4}$$

$$= \sum \frac{(a_1 - a_2)^4 + 4a_1 a_2 (a_1 - a_2)^2}{a_1 a_2 a_3 a_4}$$

$$+ \frac{a_1^2 a_2^2 + a_2^2 a_3^2 + a_1^2 a_4^2 + a_3^2 a_4^2}{a_1 a_2 a_3 a_4} \times 2$$

$$\geqslant \sum \frac{(b_1 - b_2)^4 + 4b_1 b_2 (b_1 - b_2)^2}{b_1 b_2 b_3 b_4}$$

$$+ \frac{b_1^2 b_2^2 + b_2^2 b_3^2 + b_1^2 b_4^2 + b_3^2 b_4^2}{b_1 b_2 b_3 b_4} \times 2$$

$$= \frac{2(b_1^4 + b_2^4 + b_3^4 + b_4^4)}{b_1 b_2 b_3 b_4},$$

即(2)成立.

例 87 设有 a，c 与 b，d 两组数，互不相同.

已知 a，c 与 b，d 互相分隔，即 b，d 中有一个在 a，c 之间，另一个不在 a，c 之间.证明：

$$(ac - bd)^2 - (a - c)^2 (b - d)^2$$

$$< (a + c - b - d)(ac(b + d) - bd(a + c)). \qquad (1)$$

证明 不妨设 $c < a, d < b$.

已知 a, c 与 b, d 互相分隔,可设

$$d < c < b < a, \qquad (2)$$

(1)可加强为

$$(ac - bd)^2 < (a + c - b - d)(ac(b + d) - bd(a + c)).$$
$$\qquad (3)$$

记 $f = (a + c - b - d)(ac(b + d) - bd(a + c)) - (ac - bd)^2$. f 是 a, b, c, d 的 4 次多项式.

先不考虑大小关系,看看 f 能否因式分解.

在 $a = d$ 时,

$$f = d(c - b)(cd - bd) - d^2(c - b)^2 = 0,$$

所以 $a - d$ 是 f 的因式.

同理 $a - b, b - c, c - d$ 也是 f 的因式.因为 f 是多项式,所以

$$f = k(a - d)(a - b)(b - c)(c - d), \qquad (4)$$

其中 k 为待定常数(与 a, b, c, d 无关).

比较(4)式两边 $a^2 c^2$ 的系数,得 $k = 1$.从而

$$f = (a - d)(a - b)(b - c)(c - d). \qquad (5)$$

由于(2),$f > 0$,(3)、(1)成立.

本题曾难倒不少解题高手.他们过分使用不等式的技巧,而忽视了恒等变形的作用.其实恒等变形是不等式变形的重要方法.熟悉恒等式的证明,才能证好不等式.本题就是一个典型的例子.

大匠不工.本题没有技巧,其实却是最高的技巧.

例 88　$a,b,c,d \geq 0$.求证:

$(a + b + c + d)^6$

　　$\geq 1728(a - b)(a - c)(a - d)(b - c)(b - d)(c - d)$.

　　　　　　　　　　　　　　　　　　　　　(1)

证明　右边为负时,(1)显然成立.不妨将右边取绝对值,这时 $|(a - b)(a - c)(a - d)(b - c)(b - d)(c - d)|$ 是 a,b,c,d 的对称式,所以可设 $a>b>c>d$,从而绝对值符号又可以取消.

显然(1)式左边是 d 的增函数,右边是 d 的减函数,所以只需对 $d = 0$ 的情况进行证明,即只需证明

　　$(a + b + c)^6 \geq 1728(a - b)(a - c)(b - c)abc$.　(2)

考虑 t 的函数

$$f(t) = \frac{(a + b + c + 3t)^6}{(a + t)(b + t)(c + t)} \quad (t \neq -a, -b, -c),$$

　　　　　　　　　　　　　　　　　　　　　(3)

用微积分研究这函数的增减性.导数 $f'(t)$ 等于

　　$\big(18(a + b + c + 3t)^5(a + t)(b + t)(c + t)$

　　　$- (a + b + c + 3t)^6 \sum (a + t)(b + t)\big)$

　　　$\div (a + t)^2(b + t)^2(c + t)^2$.

其中函数 $f(t)$ 的间断点为 $t = -a, -b, -c$,驻点(导数为 0 的点)为 $-\dfrac{a + b + c}{3}$ 及方程

　　$18(a + t)(b + t)(c + t)$

　　　$- (a + b + c + 3t) \sum (a + t)(b + t)$

　　　$= 0$　　　　　　　　　　　　　　　　(4)

的根.

(4)是 3 次方程(首项系数为 9),至少有 1 个实根,至多有 3 个实根.

不难看出,$t \to -\infty$ 或从左方趋近 $-a$,$-c$ 时,或从右方趋近 $-b$ 时,$f(t) \to -\infty$. $t \to +\infty$ 或从右方趋近 $-a$,$-c$ 时,或从左方趋近 $-b$ 时,$f(t) \to +\infty$. 于是函数 $f(t)$ 的图像大致如图 3.1 所示.

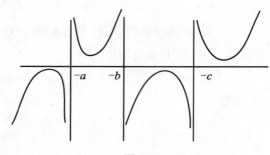

图 3.1

图像分为 4 个连续部分,每个部分有一个极值点. 于是上面的驻点应有 4 个(方程(4)有 3 个实根). 因为

$$-\frac{a+b+c}{3} < -c,$$

所以在区间 $(-c, +\infty)$ 内的驻点不是 $-\dfrac{a+b+c}{3}$. 设它为 h,则 h 满足(4),并且

$$f(0) \geqslant f(h). \tag{5}$$

如果 $f(h) \geqslant 1728(a-b)(a-c)(b-c)$,那么

$$f(0) \geqslant 1728(a-b)(a-c)(b-c),$$

即(2)成立. 因此只需证

$$(a + b + c + 3h)^6$$
$$\geqslant 1728(a + h)(b + h)(c + h)(a - b)(b - c)(c - a). \tag{6}$$

熟知对于以 x_1, x_2, x_3 为三个根的三次方程

$$x^3 - px^2 + qx - r = 0 \tag{7}$$

有（韦达定理）

$$p = x_1 + x_2 + x_3, \quad q = x_1x_2 + x_2x_3 + x_3x_1, \quad r = x_1x_2x_3,$$

并且任一个 x_1, x_2, x_3 的对称式都可以用方程(7)的系数 $p, q,$ r 的多项式表示. 特别地, $(x_1 - x_2)^2(x_2 - x_3)^2(x_3 - x_1)^2$（称为方程的差别式）可以用系数 p, q, r 的多项式表示. 实际上, 我们有

$$(x_1 - x_2)^2(x_2 - x_3)^2(x_3 - x_1)^2$$
$$= p^2q^2 - 4q^3 - 4p^3r - 27r^2 + 18pqr \tag{8}$$

（请读者作为一个练习, 自己验证）.

现在设方程(7)的根为 $x_1 = a + h, x_2 = b + h, x_3 = c + h$. 由于 h 是(4)的根, 所以

$$18r = pq, \tag{9}$$

而(8)成为

$$(a - b)^2(a - c)^2(b - c)^2$$
$$= p^2q^2 - 4q^3 - 4p^3r - 27r^2 + 18pqr,$$

需要证明的(6), 两边平方成为

$$p^{12} \geqslant 1728^2 r^2(p^2q^2 - 4q^3 - 4p^3r - 27r^2 + 18pqr), \tag{10}$$

(10)的两边都是 $x_1 = a + h, x_2 = b + h, x_3 = c + h$ 的 12 次齐次式, 所以可设 $p = x_1 + x_2 + x_3 = 1 \left(\text{即用} \dfrac{a + h}{a + h + b + h + c + h} \right.$

$= \dfrac{a+h}{p}$ 等代替 $a+h$ 等$\Big)$. 又令 $x=72r,y=4q$,则(9)成为

$$x = y, \tag{11}$$

而需要证明的(10)成为

$$3x^4 + 32x^3 - 36x^3y - 36x^2y^2 + 36x^2y^3 + 1 \geqslant 0, \tag{12}$$

即

$$3x^4 - 4x^3 + 1 + 36x^2(1-y)(x-y^2) \geqslant 0, \tag{13}$$

因为 $3x^4 - 4x^3 + 1 = (x-1)^2(3x^2+2x+1) \geqslant 0$,而由(11),

$$36x^2(1-y)(x-y^2) = 36x^2(1-y)(y-y^2)$$
$$= 36x^2y(1-y)^2 \geqslant 0,$$

所以(13)成立.

　　本题是关于多项式(方程)的判别式的不等式.(1)的右边平方即是 4 次多项式的判别式(的 1728^2 倍).但 4 次多项式的判别式用系数表示,非常复杂,我们化成三次多项式处理.这就是(10).由于直接证明有困难,引进一个函数 $f(t)$.发现在驻点 $t=h$ 处,(9)成立.

　　本题如不利用(8)(即(11)),直接对 $t=0$ 时,证明(13),似不容易,(8)充分彰显微积分的作用.

第 4 章　含 n 个字母的不等式

含 n 个字母的不等式,有些就是字母较少的不等式的推广,有些是从数列中产生的,也有很多的与前两者截然不同,我们更多地讨论这类不等式.

含 n 个字母的不等式,更需要仔细观察,发现其中量的大小、关联,重要的仍是代数式的变形.和前面一样,大多是恒等变形,但有一两步关键需要适当的大胆放缩,这仍然依赖于良好的感觉与仔细的观察.

例 89　$n(\geqslant 2)$ 个小于 1 的正数 $x_1, x_2, \cdots, x_n$ 满足

$$x_1 + x_2 + \cdots + x_n = 1, \tag{1}$$

求证:

$$\frac{1}{x_1 - x_1^2 - x_1^3 + x_1^4} + \frac{1}{x_2 - x_2^2 - x_2^3 + x_2^4}$$

$$+ \cdots + \frac{1}{x_n - x_n^2 - x_n^3 + x_n^4} \geqslant n^{\frac{7}{4}}. \tag{2}$$

证明　$x_1 - x_1^2 - x_1^3 + x_1^4 = x_1(1 - x_1) - x_1^3(1 - x_1)$
$$= x_1(1 - x_1)(1 - x_1^2) > 0,$$

所以(2)式左边各分母均正.

又显然

$$x_1 - x_1^2 - x_1^3 + x_1^4 < x_1 - x_1^2 < x_1,$$

所以

(2) 式左边 $> \dfrac{1}{x_1} + \dfrac{1}{x_2} + \cdots + \dfrac{1}{x_n}$

$= \left(\dfrac{1}{x_1} + \dfrac{1}{x_2} + \cdots + \dfrac{1}{x_n} \right)(x_1 + x_2 + \cdots + x_n)$

$\geqslant n^2 > n^{\frac{7}{4}}.$ 　　　　　　　　　　　　(3)

本题不难. 要点在敢于舍去分母的 $-x_1^2 - x_1^3 + x_1^4$ 等项, 才能做得简单、明了.

例 90　设 $a_1 > a_2 > \cdots > a_n$. 求证:

$$\dfrac{1}{a_1 - a_2} + \dfrac{1}{a_2 - a_3} + \cdots + \dfrac{1}{a_{n-1} - a_n} + \dfrac{1}{a_n - a_1} > 0. \quad (1)$$

证明　$a_1 - a_2, a_2 - a_3, \cdots, a_{n-1} - a_n$ 都大于 0, 只有 $a_n - a_1 < 0$.

$(1) \Leftrightarrow \dfrac{1}{a_1 - a_2} + \dfrac{1}{a_2 - a_3} + \cdots + \dfrac{1}{a_{n-1} - a_n} > \dfrac{1}{a_1 - a_n}.$

$$(2)$$

现在 (2) 中各个分母都是正数, 而且 $a_1 - a_n$ 大于其他任一个分母, 所以 $\dfrac{1}{a_1 - a_n}$ 小于左边任一个分式 $\dfrac{1}{a_i - a_{i+1}}$ ($i = 1, 2, \cdots, n-1$), (2) 显然成立.

解决不等的问题, 最重要的是对于大小的感觉. 有这种感觉, 上面的 (2)、(1) 就是显然的. 如果还要用 Cauchy 不等式, 那么就太麻木了.

例 91　$x_1, x_2, \cdots, x_n$ 为非负实数, $x_{n+1} = x_1$,

$$a = \min\{x_1, x_2, \cdots, x_n\}, \quad\quad\quad (1)$$

求证:

$$\sum_{j=1}^{n} \dfrac{1 + x_j}{1 + x_{j+1}} \leqslant n + \dfrac{1}{(1+a)^2} \sum_{j=1}^{n} (x_j - a)^2. \quad (2)$$

生：如果 $x_1 = x_2 = \cdots = x_n$，结论显然. 现在不能断定 x_1，$x_2, \cdots, x_n$ 全都相等，但我想左边每一项大致为 1（从而和大致为 n）. 先算一下差

$$\sum_{j=1}^{n} \frac{1 + x_j}{1 + x_{j+1}} - n = \sum \frac{x_j - x_{j+1}}{1 + x_{j+1}}, \tag{3}$$

接下去不太好办，因为分母都不相同. 如果分母都缩成 $1 + a$，分子的正负不清楚，不能肯定一定是放大了.

师：是的. 在缩小分母之前，有些准备工作要做.

首先，不妨设 $x_1 = a$（如果 $x_i = a$，那么可将 $x_i, x_{i+1}, \cdots,$ $x_n, x_1, \cdots, x_{i-1}$ 改记为 $x_1, x_2, \cdots, x_n$）.

这时，你上面做的差（3）

$$\sum_{j=1}^{n} \frac{x_j - x_{j+1}}{1 + x_{j+1}} = \sum_{j=1}^{n-1} \frac{x_j - x_{j+1}}{1 + x_{j+1}} + \frac{x_n - x_1}{1 + x_1}, \tag{4}$$

而

$$\frac{x_n - x_1}{1 + x_1} = \sum_{j=1}^{n-1} \frac{x_{j+1} - x_j}{1 + x_1}. \tag{5}$$

生：这样，上面的差（3）等于

$$\sum_{j=1}^{n-1} \left(\frac{x_j - x_{j+1}}{1 + x_{j+1}} - \frac{x_j - x_{j+1}}{1 + x_1} \right)$$

$$= \frac{1}{1 + a} \sum_{j=1}^{n-1} \frac{(x_j - x_{j+1})(x_1 - x_{j+1})}{1 + x_{j+1}}. \tag{6}$$

可是 $x_j - x_{j+1}$ 的正负还不知道（$x_1 - x_{j+1}$ 当然 $\leqslant 0$）.

师：如果所有 $x_j - x_{j+1} \leqslant 0$，你怎么办？

生：那就容易了. 由于各项 $\geqslant 0$，

上面的（6）$\leqslant \dfrac{1}{(1 + a)^2} \displaystyle\sum_{j=1}^{n-1} (x_{j+1} - x_j)(x_{j+1} - a)$

$$\leqslant \frac{1}{(1+a)^2} \sum_{j=1}^{n-1} (x_{j+1} - a)^2. \tag{7}$$

师:很好. 原先的和号中, j 由 1 至 $n-1$. 现在我们只取 $x_{j+1} \geqslant x_j$ 的那一部分(负的就不要啦), 将这部和标为 $\sum^+$, 那不就有

$$上面的差(3) \leqslant \frac{1}{(1+a)^2} \sum^+ (x_{j+1} - x_j)(x_{j+1} - a)$$

$$\leqslant \frac{1}{(1+a)^2} \sum^+ (x_{j+1} - a)^2$$

$$\leqslant \frac{1}{(1+a)^2} \sum (x_{j+1} - a)^2$$

了?

生:原来这样. 不过 $\sum^+$ 中会不会一项都没有?哦,不会的. 因为 $x_2 \geqslant x_1$.

师:本题的不等式,右边分母 $(1+a)^2$ 是二次式,而左边分母是一次的,所以必须再设法作一次减法,将分母变为二次. 这就是为什么要将 $\frac{x_n - x_1}{1+x_1}$ 分出,再写成 $n-1$ 个分式的和,与前面的 $n-1$ 个分式两两配对相减的缘故.

其次,负的部分可以大胆舍去. 这样就更加自由. 康托(Cantor)说得好:"数学的本质就在于自由."

例 92　$a_i \in \mathbf{R}_+ (i = 1, 2, \cdots, n), a_{n+1} = a_1.$并且

$$\sum_{i=1}^n a_i = 1, \tag{1}$$

求证:

$$\sum_{i=1}^n \frac{a_i^4}{a_i^3 + a_{i+1} a_i^2 + a_{i+1}^2 a_i + a_{i+1}^3} \geqslant \frac{1}{4}. \tag{2}$$

生:(2)式左边的代表项可以写成

$$\frac{a_i^4}{(a_i + a_{i+1})(a_i^2 + a_{i+1}^2)}, \tag{3}$$

接下去怎么办? 去分母,太繁,毫无规律.用平均不等式,会出现根式.用 Cauchy 不等式,也不行.

师:你可先考虑一个简单一点的不等式(条件同样)

$$\sum_{i=1}^{n} \frac{a_i^4 + a_{i+1}^4}{(a_i + a_{i+1})(a_i^2 + a_{i+1}^2)} \geqslant \frac{1}{2}. \tag{4}$$

生:还是束手无策.

师:再简单些.将(4)中代表项的分子改为 $\frac{1}{2}(a_i^2 + a_{i+1}^2)^2$ 呢?

生:那就可以约分.化成

$$\sum_{i=1}^{n} \frac{a_i^2 + a_{i+1}^2}{a_i + a_{i+1}} \geqslant 1, \tag{5}$$

我知道了.用不等式

$$a_i^4 + a_{i+1}^4 \geqslant \frac{1}{2}(a_i^2 + a_{i+1}^2)^2,$$

便有

$$\sum_{i=1}^{n} \frac{a_i^4 + a_{i+1}^4}{(a_i + a_{i+1})(a_i^2 + a_{i+1}^2)}$$

$$\geqslant \frac{1}{2} \sum \frac{a_i^2 + a_{i+1}^2}{a_i + a_{i+1}}$$

$$\geqslant \frac{1}{4} \sum \frac{(a_i + a_{i+1})^2}{a_i + a_{i+1}}$$

$$= \frac{1}{4} \sum (a_i + a_{i+1})$$

$$= \frac{1}{4} \left(\sum a_i + \sum a_{i+1} \right) = \frac{1}{2}. \tag{6}$$

师:所以在不等式的证明中,"约分"也是常用的手段.而且比恒等式的证明灵活,有些表面上不能约分的式子,经过适当放缩也可以约分了.

生:(4)的左边是不是(2)的左边的两倍? 如果是,那么原来的问题也就解决了.

师:你有办法证明(4)的左边是(2)的左边的两倍吗?

生:要证明

$$\sum \frac{a_i^4}{(a_i + a_{i+1})(a_i^2 + a_{i+1}^2)} = \sum \frac{a_{i+1}^4}{(a_i + a_{i+1})(a_i^2 + a_{i+1}^2)},$$
$$\tag{7}$$

也就是证明

$$\sum \frac{a_i^4 - a_{i+1}^4}{(a_i + a_{i+1})(a_i^2 + a_{i+1}^2)} = 0. \tag{8}$$

这一次,可以痛痛快快地约分了.

(8)的左边 $= \sum (a_i - a_{i+1}) = \sum a_i - \sum a_{i+1} = 0.$

例 93 已知 $x_1, x_2, \cdots, x_n$ 为实数,满足

$$x_1 + x_2 + \cdots + x_n = 0, \tag{1}$$

$$x_1^2 + x_2^2 + \cdots + x_n^2 = 1, \tag{2}$$

设 $x_1, x_2, \cdots, x_n$ 中最大的为 a,最小的为 b.求证:

$$ab \leqslant -\frac{1}{n}. \tag{3}$$

证明 条件表明 $x_1, x_2, \cdots, x_n$ 中有正有负(为简单起见,可设 $x_1, x_2, \cdots, x_n$ 中没有 0,否则将这些 0 清除掉,对已知与结论均无影响).不妨设其中 k 个为正,h 个为负,

$$k + h = n, \tag{4}$$

k 个正数为

$$x_1 \geqslant x_2 \geqslant \cdots \geqslant x_k, \tag{5}$$

h 个负数为

$$- y_1 \leqslant - y_2 \leqslant \cdots \leqslant - y_h, \tag{6}$$

其中 $y_1 \geqslant y_2 \geqslant \cdots \geqslant y_h > 0$. 显然

$$x_1 = a, \quad y_1 = - b. \tag{7}$$

由 (1),

$$x_1 + x_2 + \cdots + x_k = y_1 + y_2 + \cdots + y_h, \tag{8}$$

由 (2),

$$
\begin{aligned}
1 &= x_1^2 + x_2^2 + \cdots + x_k^2 + y_1^2 + y_2^2 + \cdots + y_h^2 \\
&\leqslant x_1(x_1 + x_2 + \cdots + x_k) + y_1(y_1 + y_2 + \cdots + y_h) \\
&= x_1(y_1 + y_2 + \cdots + y_h) + y_1(x_1 + x_2 + \cdots + x_k) \\
&\leqslant h x_1 y_1 + k x_1 y_1 \\
&= n x_1 y_1, \tag{9}
\end{aligned}
$$

所以

$$x_1 y_1 \geqslant \frac{1}{n}, \tag{10}$$

即 (3) 成立.

这种解法并无特别技巧, 只是区分出 x_i 中的正数与负数. (9) 中先将平方 x_i^2, y_j^2 改为乘积 $x_1 x_i$, $y_1 y_j$, 再利用 (8) 将 $x_1 + x_2 + \cdots + x_k$ 与 $y_1 + y_2 + \cdots + y_h$ 互换 (这是最关键的一步, 也是题中应有之意). 不如此便不能产生 (10) (也就是最终结果) 中的 $x_1 y_1$.

又证　题目中的条件除 (1)、(2) 外, 还有一个, 即

$$b \leqslant x_i \leqslant a \quad (i = 1, 2, \cdots, n) \tag{11}$$

所以

$$(x_i - a)(x_i - b) \leqslant 0, \qquad (12)$$

即

$$x_i^2 - (a + b)x_i + ab \leqslant 0. \qquad (13)$$

对(13),从 $i = 1$ 到 $i = n$ 求和,利用(1)、(2),得

$$1 + nab \leqslant 0,$$

所以(3)成立.

题中隐含的条件(11)应当挖掘出来.由(11)得到(12)再求和,是常用的技术.

例 94 $a_i, b_i (i = 1, 2, \cdots, n)$ 为实数,并且 $a_1^2 - a_2^2 - \cdots - a_n^2$ 与 $b_1^2 - b_2^2 - \cdots - b_n^2$ 中至少有一个为正.求证:

$$(a_1^2 - a_2^2 - \cdots - a_n^2)(b_1^2 - b_2^2 - \cdots - b_n^2)$$
$$\leqslant (a_1 b_1 + a_2 b_2 + \cdots + a_n b_n)^2. \qquad (1)$$

生:(1)的样子有点像 Cauchy 不等式

$$(a_1^2 + a_2^2 + \cdots + a_n^2)(b_1^2 + b_2^2 + \cdots + b_n^2)$$
$$\geqslant (a_1 b_1 + a_2 b_2 + \cdots + a_n b_n)^2, \qquad (2)$$

但现在(1)的左边不是两个平方和的积,不等号的方向也变了.不过,我想 Cauchy 不等式的证法还是可以搬来用一用:

考虑一个 x 的二次方程

$$(a_1^2 - a_2^2 - \cdots - a_n^2)x^2 - 2(a_1 b_1 + a_2 b_2 + \cdots + a_n b_n)x$$
$$+ (b_1^2 - b_2^2 - \cdots - b_n^2) = 0 \qquad (3)$$

(可以假定 $a_1^2 - a_2^2 - \cdots - a_n^2 \neq 0$,否则(1)已经成立).

如果(3)有实数根,那么判别式 $\Delta \geqslant 0$,即(1)成立.

可以设 $a_1^2 - a_2^2 - \cdots - a_n^2$ 与 $b_1^2 - b_2^2 - \cdots - b_n^2$ 都为正,否则(1)已经成立.于是,在 $x = 0$ 时,(3)的左边为正.又(3)的左

边 $= (a_1 x - b_1)^2 - \sum_{i=2}^{n} (a_i x + b_i)^2$，在 $x = \dfrac{b_1}{a_1}$ 时，值 $\leqslant 0$. 因此(3) 在区间 $\left[0, \dfrac{b_1}{a_1} \right]$ 中有一个根.

这就证明了(1).

师:(1)中等号何时成立?

生:如果(1)中等号成立,那么方程(3)有相等的实数根,(3)的左边不会为负.这根一定是 $x = \dfrac{b_1}{a_1}$，从而

$$\sum_{i=2}^{n} \left(a_i \times \frac{b_1}{a_1} + b_i \right)^2 = 0, \tag{4}$$

$$-\frac{b_1}{a_1} = \frac{b_2}{a_2} = \cdots = \frac{b_n}{a_n}. \tag{5}$$

反过来,如果(5)成立,那么(1)显然成为等式.

师:题中条件"$a_1^2 - a_2^2 - \cdots - a_n^2$ 与 $b_1^2 - b_2^2 - \cdots - b_n^2$ 至少有一个为正"能否省去?

生:不能. 如果没有这个条件(1)不一定成立. 例如 $a_1 = b_1 = 0$，则(1)变成

$$(a_2^2 + a_3^2 + \cdots + a_n^2)(b_2^2 + b_3^2 + \cdots + b_n^2)$$
$$\leqslant (a_2 b_2 + a_3 b_3 + \cdots + a_n b_n)^2,$$

与 Cauchy 不等式的不等号方向相反.

师:这道题也能用 Cauchy 不等式证明.

生:怎么证?

师:仍设 $a_1^2 - a_2^2 - \cdots - a_n^2$ 与 $b_1^2 - b_2^2 - \cdots - b_n^2$ 都非负. 一个记为 α^2，一个记为 $\beta^2 (\alpha \geqslant 0, \beta \geqslant 0)$. 又不妨设 $a_1 b_1 > 0$.

对 $(a_2^2 + \cdots + a_n^2 + \alpha^2)(b_2^2 + \cdots + b_n^2 + \beta^2)$ 用 Cauchy 不等

式就可以了.

生：$a_1^2 b_1^2 = (a_2^2 + \cdots + a_n^2 + \alpha^2)(b_2^2 + \cdots + b_n^2 + \beta^2)$

$$\geqslant (-a_2 b_2 - a_3 b_3 - \cdots - a_n b_n + \alpha\beta)^2$$

所以

$$a_1 b_1 \geqslant -a_2 b_2 - \cdots - a_n b_n + \alpha\beta$$

移项平方就得(1). 所以本题只是 Cauchy 不等式加一次移项.

师：正是这样.

例 95 设 $a_1 \leqslant a_2 \leqslant \cdots \leqslant a_n$ 为实数，并且

$$a_1 + a_2 + \cdots + a_n = 0, \tag{1}$$

$$|a_1| + |a_2| + \cdots + |a_n| = S, \tag{2}$$

其中 S 为非负实数. 求证：

$$a_n - a_1 \geqslant \frac{2S}{n}.$$

证明 设 $a_1, a_2, \cdots, a_n$ 中，$a_1, a_2, \cdots, a_j$ 为负数，其余的非负，则(1)成为

$$a_{j+1} + \cdots + a_n = |a_1| + |a_2| + \cdots + |a_j|, \tag{3}$$

(2)成为

$$a_{j+1} + \cdots + a_n = |a_1| + |a_2| + \cdots + |a_j| = \frac{S}{2}. \tag{4}$$

因为 $a_{j+1} \leqslant \cdots \leqslant a_n, |a_1| \geqslant \cdots \geqslant |a_j|$，所以

$$(n - j)a_n \geqslant \frac{S}{2}, \tag{5}$$

$$j|a_1| \geqslant \frac{S}{2}, \tag{6}$$

$$a_n - a_1 = a_n + |a_1| \geqslant \frac{S}{2(n-j)} + \frac{S}{2j}$$

$$= \frac{nS}{2j(n-j)} = \frac{(j+(n-j))^2 S}{n \times 2j(n-j)}$$

$$\geqslant \frac{4j(n-j)S}{n \times 2j(n-j)} = \frac{2S}{n}.$$

评注 本题其实很容易. 首先分清正负, 绝对值已经可以去掉; 然后"消去"$a_2, a_3, \cdots, a_{n-1}$, 只留下 a_1, a_n 得出(5)、(6). $a_n - a_1$ 的下界估计容易得出.

$\dfrac{1}{n-j} + \dfrac{1}{j} \geqslant \dfrac{4}{n}$. 亦可由 Cauchy 不等式得出

$$(n-j+j)\left(\frac{1}{n-j} + \frac{1}{j}\right) \geqslant 4.$$

例 96 设整数 $n \geqslant 2, x_1, x_2, \cdots, x_n \in [0,1]$. 求证: 存在某个 $i \in \{1,2,\cdots,n-1\}$, 使得

$$x_i(1 - x_{i+1}) \geqslant \frac{1}{4} x_1(1 - x_n). \tag{1}$$

证明 $n = 2$ 显然. 设 $n > 2$.

在 $x_2 < \dfrac{1}{2}$ 时,

$$x_1(1 - x_2) \geqslant \frac{1}{2} x_1 > \frac{1}{4} x_1(1 - x_n),$$

因此设

$$x_s \geqslant \frac{1}{2}. \tag{2}$$

设 $x_s = \min\{x_3, x_4, \cdots, x_n\}$.

在 $x_s > \dfrac{1}{4}$ 时,

$$x_{n-1}(1 - x_n) \geqslant \frac{1}{4}(1 - x_n) \geqslant \frac{1}{4} x_1(1 - x_n),$$

因此设

$$x_s \leqslant \frac{1}{4}. \tag{3}$$

由(2)、(3),有 $i \in \{2, 3, \cdots, n-1\}$,使得

$$x_i \geqslant \frac{1}{2}, \quad x_{i+1} < \frac{1}{2}, \tag{4}$$

于是

$$x_i(1 - x_{i+1}) > \frac{1}{4} \geqslant \frac{1}{4} x_1(1 - x_n). \tag{5}$$

评注　本题很容易,容易得出乎想象.

例 97　若 $x_i > 0 (i = 1, 2, \cdots, n), n \geqslant 2$,且

$$\frac{1}{1 + x_1} + \frac{1}{1 + x_2} + \cdots + \frac{1}{1 + x_n} = 1, \tag{1}$$

求证:

$$x_1 x_2 \cdots x_n \geqslant (n - 1)^n. \tag{2}$$

证明　令 $\dfrac{1}{1 + x_i} = y_i (i = 1, 2, \cdots, n)$,则

$$y_1 + y_2 + \cdots + y_n = 1, \tag{3}$$

并且

$$x_i = \frac{1}{y_i} - 1 = \frac{1 - y_i}{y_i}, \tag{4}$$

所以

$$
\begin{aligned}
x_1 x_2 \cdots x_n &= \prod_{i=1}^{n} \frac{1 - y_i}{y_i} \\
&= \prod_{i=1}^{n} \frac{\sum\limits_{j \neq i} y_j}{y_i} \\
&\geqslant \prod_{i=1}^{n} \frac{(n-1) \sqrt[n-1]{\prod\limits_{j \neq i} y_j}}{y_i}.
\end{aligned} \tag{5}
$$

在(5)中，y_1 只有一次出现在分母($i=1$ 时)，指数为 1；其他 $n-1$ 次出现在分子，每次指数为 $\dfrac{1}{n-1}$. 因此 y_1 在积中的指数为 $(n-1)\times\dfrac{1}{n-1}-1=0$，即 y_1 不出现. 其他的 y_i 也均如此. 所以(5)即

$$x_1 x_2 \cdots x_n \geqslant (n-1)^n.$$

例 98 求证：对于互不相同的正整数 $a_1, a_2, \cdots, a_n$，有

$$\sum_{K=1}^{n}(a_k^7 + a_k^5) \geqslant 2\left(\sum_{i=1}^{n} a_i^3\right)^2. \tag{1}$$

证明 注意 $a_1, a_2, \cdots, a_n$ 是互不相同的正整数. 不妨设它们依递增顺序排列.

可考虑用数学归纳法. $n=1$ 时，显然

$$a_1^7 + a_1^5 \geqslant 2a_1^6.$$

假设(1)在 n 换成 $n-1$ 时成立. 只需证明 $n\geqslant 2$ 时，

$$a_n^7 + a_n^5 \geqslant 2\left(a_n^6 + 2a_n^3\sum_{i=1}^{n-1} a_i^3\right), \tag{2}$$

为此，只需证 $n\geqslant 2$ 时，

$$\sum_{i=1}^{n-1} a_i^3 \leqslant \frac{a_n^2(a_n-1)^2}{4}, \tag{3}$$

(3)的左边 $\leqslant 1^3 + 2^3 + \cdots + (a_n-1)^3 = $ 右边. 因此(1)成立.

这是用归纳法证不等式的一个绝佳的例子.

例 99 设 $a_1, a_2, \cdots$ 都是正数，

$$A_n = \frac{1}{n}(a_1 + a_2 + \cdots + a_n), \quad G_n = \sqrt[n]{a_1 a_2 \cdots a_n},$$

证明：

$$\left(\frac{G_{n+1}}{A_{n+1}}\right)^{n+1} \leqslant \left(\frac{G_n}{A_n}\right)^n. \tag{1}$$

证明　$G_{n+1}^{n+1} = a_1 a_2 \cdots a_n a_{n+1} = G_n^n \cdot a_{n+1}$,

$$A_{n+1} = \frac{1}{n+1}(a_1 + a_2 + \cdots + a_{n+1}) = \frac{1}{n+1}(nA_n + a_{n+1}),$$

所以(1)即

$$(nA_n + a_{n+1})^{n+1} \geqslant (n+1)^{n+1} a_{n+1} A_n^n. \tag{2}$$

改记 $a = A_n^{\frac{1}{n+1}}$, $b = a_{n+1}^{\frac{1}{n+1}}$, 则(2)即

$$na^{n+1} + b^{n+1} \geqslant (n+1)a^n b \tag{3}$$

$$na^{n+1} + b^{n+1} - (n+1)a^n b$$

$$= na^n(a-b) - b(a^n - b^n)$$

$$= (a-b)(na^n - b(a^{n-1} + a^{n-2}b + \cdots$$

$$\quad + ab^{n-2} + b^{n-1}))$$

$$= (a-b)(a^{n-1}(a-b) + a^{n-2}(a^2 - b^2) + \cdots$$

$$\quad + a(a^{n-1} - b^{n-1}) + (a^n - b^n)). \tag{4}$$

由于 $a^k - b^k$ 与 $a-b$ 同号. 所以(4)大于或等于 0, 即(3)、(2)、(1)成立.

因为 $G_1 = A_1$, 所以由(1)得出 $\left(\dfrac{G_n}{A_n}\right)^n \leqslant \left(\dfrac{G_{n-1}}{A_{n-1}}\right)^{n-1} \leqslant \cdots \leqslant$

$\left(\dfrac{G_2}{A_2}\right)^2 \leqslant 1$, $G_n \leqslant A_n$. 这就是平均值不等式(及其证明).

例 100　$x_i \in \mathbf{R}_+ (i = 1, 2, \cdots, n)$, 并且

$$\sum x_i = \sum \frac{1}{x_i}, \tag{1}$$

求证:

$$\sum \frac{1}{n + x_i - 1} \leqslant 1. \tag{2}$$

证明　令 $y_i = \dfrac{1}{n + x_i - 1} (i = 1, 2, \cdots, n)$, 则 $(n-1)y_i < 1$,

$$x_i = \frac{1 - (n - 1)y_i}{y_i}(i = 1, 2, \cdots, n),\tag{3}$$

假设

$$\sum y_i > 1,\tag{4}$$

一方面，

$$\sum_j \sum_{i \neq j} \frac{1 - (n - 1)y_i}{1 - (n - 1)y_j}$$

$$= \sum_j \frac{1}{1 - (n - 1)y_j} \sum_{i \neq j}(1 - (n - 1)y_i)$$

$$= \sum_j \frac{1}{1 - (n - 1)y_j}\left((n - 1) - (n - 1)\sum y_i + (n - 1)y_j\right)$$

$$< \sum_j \frac{1}{1 - (n - 1)y_j} \cdot (n - 1)y_j$$

$$= (n - 1)\sum_j \frac{1}{x_j}.\tag{5}$$

另一方面，

$$\sum_j \sum_{i \neq j} \frac{1 - (n - 1)y_i}{1 - (n - 1)y_j}$$

$$= \sum_i \sum_{j \neq i} \frac{1 - (n - 1)y_i}{1 - (n - 1)y_j}$$

$$\geqslant \sum_i (1 - (n - 1)y_i) \cdot \frac{(n - 1)^2}{\sum_{j \neq i}(1 - (n - 1)y_j)}$$

$$= (n - 1)\sum_i (1 - (n - 1)y_i)\frac{1}{1 - \sum_{j \neq i}y_j}$$

$$> (n - 1)\sum_i \frac{1 - (n - 1)y_i}{y_i}$$

$$= (n - 1)\sum_i x_i.\tag{6}$$

(5)、(6)矛盾.因此结论成立.

本题是利用反证法证明不等式的一个绝佳的例子.

例 101　设 $0 < a_i \leqslant a, i = 1, 2, \cdots, n$. 证明:

(1) 当 $n = 4$ 时,有

$$\frac{\sum_{i=1}^{4} a_i}{a} - \frac{a_1 a_2 + a_2 a_3 + a_3 a_4 + a_4 a_1}{a^2} \leqslant 2. \tag{1}$$

(2) 当 $n = 6$ 时,有

$$\frac{\sum_{i=1}^{6} a_i}{a} - \frac{a_1 a_2 + a_2 a_3 + \cdots + a_6 a_1}{a^2} \leqslant 3. \tag{2}$$

证明　更一般地,

$$\frac{\sum_{i=1}^{n} a_i}{a} - \frac{a_1 a_2 + a_2 a_3 + \cdots + a_n a_1}{a^2} \leqslant \left[\frac{n}{2}\right]. \tag{3}$$

事实上,可设 $a = 1\left(\text{否则用} \dfrac{a_i}{a} \text{代替} a_i\right)$.

在 $n = 2k$ 时,

$$(1 - a_1)(1 - a_2) \geqslant 0, \tag{4}$$

即

$$a_1(1 - a_2) + a_2 \leqslant 1, \tag{5}$$

同理

$$a_3(1 - a_4) + a_4 \leqslant 1, \tag{6}$$

$$\cdots\cdots$$

$$a_{2k-1}(1 - a_{2k}) + a_{2k} \leqslant 1, \tag{7}$$

相加得

$$\sum_{i=1}^{n} a_i - (a_1 a_2 + a_3 a_4 + \cdots + a_{2k-1} a_{2k}) \leqslant \left[\frac{n}{2}\right]. \quad (8)$$

在 $n = 2k + 1$ 时,若 $a_{2k} + a_1 \geqslant 1$,则

$$a_{2k+1} \leqslant a_{2k+1}(a_{2k} + a_1), \quad (9)$$

与上述(5)、(6)、(7)等相加得

$$\sum_{i=1}^{n} a_i - (a_1 a_2 + a_3 a_4 + \cdots + a_{2k-1} a_{2k} + a_{2k} a_{2k+1} + a_{2k+1} a_1)$$

$$\leqslant \left[\frac{n}{2}\right]. \quad (10)$$

若 $a_{2k} + a_1 < 1$,则与(5)类似有(将 $a_{2k} + a_1$ 当作 a_2)

$$a_{2k+1}(1 - a_{2k} - a_1) + a_{2k} + a_1 \leqslant 1, \quad (11)$$

以及

$$a_2(1 - a_3) + a_3 \leqslant 1, \quad (12)$$

$$\cdots\cdots$$

$$a_{2k-2}(1 - a_{2k-1}) + a_{2k-1} \leqslant 1, \quad (13)$$

相加得

$$\sum_{i=1}^{n} a_i - (a_2 a_3 + a_4 a_5 + \cdots + a_{2k-2} a_{2k-1} + a_{2k} a_{2k+1} + a_{2k+1} a_1)$$

$$\leqslant \left[\frac{n}{2}\right], \quad (14)$$

于是(3)恒成立.

例 102 设 $a_1 \geqslant a_2 \geqslant \cdots \geqslant a_n \geqslant 0, c_1 \geqslant 1, c_1 c_2 \geqslant 1, \cdots, c_1 c_2 \cdots$ $c_n \geqslant 1$.求证:

$$(c_1 - 1)a_1 + (c_2 - 1)a_2 + \cdots + (c_n - 1)a_n \geqslant 0. \quad (1)$$

证明 由已知,$c_1, c_2, \cdots, c_n$ 都是正数.

$$c_1 + c_2 + \cdots + c_k \geqslant k \sqrt[k]{c_1 c_2 \cdots c_k} \geqslant k,$$

所以

$$(c_1 - 1) + (c_2 - 1) + \cdots + (c_k - 1) \geqslant 0 \quad (k = 1, 2, \cdots)$$

$$(c_1 - 1) a_1 + (c_2 - 1) a_2 + \cdots + (c_n - 1) a_n$$

$$\geqslant (c_1 - 1 + c_2 - 1) a_2 + (c_3 - 1) a_3 + \cdots + (c_n - 1) a_n$$

$$\geqslant (c_1 - 1 + c_2 - 1 + c_3 - 1) a_3 + (c_4 - 1) a_4$$

$$\quad + \cdots + (c_n - 1) a_n$$

$$\geqslant \cdots$$

$$\geqslant (c_1 - 1 + c_2 - 1 + \cdots + c_{n-1} - 1) a_{n-1} + (c_n - 1) a_n$$

$$\geqslant (c_1 - 1 + c_2 - 1 + \cdots + c_n - 1) a_n$$

$$\geqslant 0.$$

本题不需要用 Abel 变换等知识,直接做去就是.

例 103 已知 $x_i, y_i \in \mathbf{R}_+ (i = 1, 2, \cdots, n)$,并且

$$x_1 y_1 \leqslant x_2 y_2 \leqslant \cdots \leqslant x_n y_n, \tag{1}$$

$$x_1 + x_2 + \cdots + x_k > y_1 + y_2 + \cdots + y_k \quad (k = 1, 2, \cdots, n). \tag{2}$$

求证:

$$\sum_{i=1}^{n} \frac{1}{x_i} < \sum_{i=1}^{n} \frac{1}{y_i}. \tag{3}$$

证明 注意(2)是 n 个不等式,即

$$x_1 - y_1 > 0,$$

$$(x_1 + x_2) - (y_1 + y_2) > 0,$$

$$\cdots \cdots$$

$$(x_1 + x_2 + \cdots + x_n) - (y_1 + y_2 + \cdots + y_n) > 0. \tag{4}$$

所以

$$\sum_{i=1}^{n} \frac{1}{y_i} - \sum_{i=1}^{n} \frac{1}{x_i} = \sum_{i=1}^{n} \frac{x_i - y_i}{x_i y_i}$$

$$\geqslant \frac{x_1 - y_1}{x_2 y_2} + \sum_{i=2}^{n} \frac{x_i - y_i}{x_i y_i}$$

$$\geqslant \frac{(x_1 + x_2) - (y_1 + y_2)}{x_3 y_3} + \sum_{i=3}^{n} \frac{x_i - y_i}{x_i y_i}$$

$$\geqslant \cdots$$

$$\geqslant \frac{\displaystyle\sum_{i=1}^{n} x_i - \sum_{i=1}^{n} y_i}{x_n y_n}$$

$$> 0.$$

在保证分子为正的前提下,放大分母. 一步一步, 徐徐向前, 直至分母变为 $x_n y_n$. 不等式组(4)保证了各次放大分母之前, 分子为正.

手法与上题类似.

例 104　设有实数 $x_1 > x_2 > \cdots > x_n > 0$, $y_1 > y_2 > \cdots > y_n > 0$, 且 $x_1 > y_1$, $x_1 + x_2 > y_1 + y_2$, $\cdots$, $x_1 + x_2 + \cdots + x_n > y_1 + y_2 + \cdots + y_n$. 求证:对整数 $k \geqslant 1$,

$$x_1^k + x_2^k + \cdots + x_n^k > y_1^k + y_2^k + \cdots y_n^k. \tag{1}$$

证明　$k = 1$ 时(1)成立. 假设命题对 $k - 1$ 成立,则有

$$x_1^{k-1} > y_1^{k-1}, \tag{2}$$

$$x_1^{k-1} + x_2^{k-1} > y_1^{k-1} + y_2^{k-1}, \tag{3}$$

$$\cdots\cdots$$

$$x_1^{k-1} + x_2^{k-1} + \cdots + x_n^{k-1} > y_1^{k-1} + y_2^{k-1} + \cdots + y_n^{k-1}. \tag{4}$$

将上述各式分别乘以 $y_1 - y_2$, $y_2 - y_3$, $\cdots$, $y_{n-1} - y_n$, y_n, 然后相加得

$$y_1 x_1^{k-1} + y_2 x_2^{k-1} + \cdots + y_n x_n^{k-1} > y_1^k + y_2^k + \cdots + y_n^k. \quad (5)$$

而

$$x_1^k + x_2^k + \cdots + x_n^k - (y_1 x_1^{k-1} + y_2 x_2^{k-1} + \cdots + y_n x_n^{k-1})$$

$$= (x_1 - y_1)x_1^{k-1} + (x_2 - y_2)x_2^{k-1} + \cdots + (x_n - y_n)x_n^{k-1}$$

$$> (x_1 - y_1 + x_2 - y_2)x_2^{k-1} + (x_3 - y_3)x_3^{k-1}$$

$$\quad + \cdots + (x_n - y_n)x_n^{k-1}$$

$$> \cdots$$

$$> (x_1 - y_1 + x_2 - y_2 + \cdots + x_n - y_n)x_n^{k-1}$$

$$> 0. \quad\quad\quad\quad\quad\quad\quad\quad\quad\quad\quad\quad\quad (6)$$

由(5)、(6)即得(1).

例 105　设 $a_1 \geqslant a_2 \geqslant \cdots \geqslant a_n \geqslant 0$,并且

$$b_1 \geqslant a_1, \quad b_1 b_2 \geqslant a_1 a_2, \cdots, \quad b_1 b_2 \cdots b_n \geqslant a_1 a_2 \cdots a_n.$$

求证:

$$b_1 + b_2 + \cdots + b_n \geqslant a_1 + a_2 + \cdots + a_n. \quad (1)$$

证明　令 $c_i = \dfrac{b_i}{a_i}$,则例 102 的条件成立,所以结论

$$(c_1 - 1)a_1 + (c_2 - 1)a_2 + \cdots + (c_n - 1)a_n \geqslant 0, \quad (2)$$

而(2)即(1).

简单的代换将本题化归为例 102.

例 106　设 $-1 < x_1 < x_2 < \cdots < x_n < 1$,并且

$$x_1^{13} + x_2^{13} + \cdots + x_n^{13} = x_1 + x_2 + \cdots + x_n, \quad (1)$$

又 $y_1 < y_2 < \cdots < y_n$. 证明:

$$x_1^{13} y_1 + x_2^{13} y_2 + \cdots + x_n^{13} y_n \leqslant x_1 y_1 + x_2 y_2 + \cdots + x_n y_n.$$

$$(2)$$

证明　若 x, y 同号(为方便起见,我们认为 0 与任何数同

号),并且 $|x|<1$,则

$$x^{13}y = |x|^{13} \cdot |y| \leqslant |x| \cdot |y| = xy. \tag{3}$$

本题的困难在于 x_i 与 y_i 未必同号.

不妨设 $x_1,x_2,\cdots,x_k \leqslant 0$,而 $x_{k+1}>0(0 \leqslant k \leqslant n)$.

取 M 满足 $y_k<M<y_{k+1}$.令

$$y_i' = y_i - M \quad (i = 1,2,\cdots,n) \tag{4}$$

(在 $k=0$ 时,所有 $x_i>0$,$M<y_1$;在 $k=n$ 时,所有 $x_i \leqslant 0$,$M>y_n$),则

$$y_1'<y_2'<\cdots<y_k'<0, \quad y_n'>y_{n-1}'>\cdots>y_{k+1}'>0.$$

因此,由(3),

$$x_i^{13}y_i' \leqslant x_i y_i' \quad (i = 1,2,\cdots,n), \tag{5}$$

从而

$$x_1^{13}y_1' + x_2^{13}y_2' + \cdots + x_n^{13}y_n' \leqslant x_1 y_1' + x_2 y_2' + \cdots + x_n y_n', \tag{6}$$

两边同加 $M(x_1 + x_2 + \cdots + x_n)$,由于(1),得到(2).

简单的"平移"(即 y_i 减去 M),保证了 x_i 与 y_i' 同号.

例 107 设 $x_1,x_2,\cdots,x_n$ 满足

$$|x_1 + x_2 + \cdots + x_n| = 1, \tag{1}$$

$$|x_i| \leqslant \frac{n+1}{2} \quad (i = 1,2,\cdots,n), \tag{2}$$

证明:存在 $x_1,x_2,\cdots,x_n$ 的一个全排列 $y_1,y_2,\cdots,y_n$ 使得

$$|y_1 + 2y_2 + \cdots + ny_n| \leqslant \frac{n+1}{2}. \tag{3}$$

证明 不妨设

$$x_1 + x_2 + \cdots + x_n = 1, \tag{4}$$

(否则将所有 x_i 变号)并且

$$x_1 \leqslant x_2 \leqslant \cdots \leqslant x_n. \tag{5}$$

由排序不等式,形如 $y_1 + 2y_2 + \cdots + ny_n$($y_1, y_2, \cdots, y_n$ 是 $x_1, x_2, \cdots, x_n$ 的全排列)的和中,$x_1 + 2x_2 + \cdots + nx_n = S_1$ 最大,$x_n + 2x_{n-1} + \cdots + nx_1 = S_2$ 最小.并且

$$x_{n-1} + 2x_{n-2} + \cdots + nx_n \geqslant S_2,$$
$$x_{n-2} + 2x_{n-3} + \cdots + nx_{n-1} \geqslant S_2,$$
$$\cdots\cdots$$
$$x_1 + 2x_n + \cdots + nx_2 \geqslant S_2,$$

连同

$$x_n + 2x_{n-1} + \cdots + nx_1 = S_2,$$

相加得

$$(x_1 + x_2 + \cdots + x_n)(1 + 2 + \cdots + n) \geqslant nS_2, \tag{6}$$

即

$$\frac{n+1}{2} \geqslant S_2. \tag{7}$$

如果 $S_2 \geqslant -\dfrac{n+1}{2}$,那么结论(3)成立.设 $S_2 < -\dfrac{n+1}{2}$.

与上面类似(只是不等号均反向),有

$$S_1 \geqslant \frac{n+1}{2}. \tag{8}$$

逐次将 x_1 与 x_2,x_1 与 x_3,$\cdots$,x_1 与 x_n,x_2 与 x_3,$\cdots$,x_{n-1} 与 x_n 交换(每次交换一对),可将 S_2 变成 S_1.每次交换,和增加 $(j > i)$,

$$0 < ((k+1)x_j + kx_i) - ((k+1)x_i + kx_j)$$
$$= x_j - x_i \leqslant \frac{n+1}{2} + \frac{n+1}{2} = n+1,$$

在这过程中,必有一个和首次 $\geqslant -\dfrac{n+1}{2}$.这个和

$$\leqslant -\frac{n+1}{2} + (n+1) = \frac{n+1}{2},$$

因而即为所求.

本题是第 38 届 IMO 的试题. 这里的解答是我们自己的.

例 108　设 $n \geqslant 3$ 是整数. 证明：对正实数 $x_1 \leqslant x_2 \leqslant \cdots \leqslant x_n$, 有

$$\frac{x_n x_1}{x_2} + \frac{x_1 x_2}{x_3} + \cdots + \frac{x_{n-1} x_n}{x_1} \geqslant x_1 + x_2 + \cdots + x_n. \quad (1)$$

证明　$n = 3$ 时, (1) 即

$$\frac{x_3 x_1}{x_2} + \frac{x_1 x_2}{x_3} + \frac{x_2 x_3}{x_1} \geqslant x_1 + x_2 + x_3, \quad (2)$$

因为

$$\frac{x_3 x_1}{x_2} + \frac{x_1 x_2}{x_3} \geqslant 2x_1,$$

得类似的 3 个不等式相加即得 (2).

对一般的 $n \geqslant 4$, 假设 (1) 对 $n-1$ 成立, 只需证

$$\frac{x_n x_1}{x_2} + \frac{x_{n-2} x_{n-1}}{x_n} + \frac{x_{n-1} x_n}{x_1} \geqslant x_n + \frac{x_{n-1} x_1}{x_2} + \frac{x_{n-2} x_{n-1}}{x_1}, \quad (3)$$

因为

$$x_n \left(\frac{x_{n-1}}{x_1} + \frac{x_1}{x_2} - 1 \right) + \frac{x_{n-2} x_{n-1}}{x_n} - \left(x_{n-1} \left(\frac{x_{n-1}}{x_1} + \frac{x_1}{x_2} - 1 \right) + x_{n-2} \right)$$

$$= (x_n - x_{n-1}) \left(\frac{x_{n-1}}{x_1} + \frac{x_1}{x_2} - 1 - \frac{x_{n-2}}{x_n} \right)$$

$$\geqslant (x_n - x_{n-1}) \left(\frac{x_2}{x_1} + \frac{x_1}{x_2} - 1 - 1 \right) \geqslant 0,$$

所以 (1) 可由下式推出

$$x_{n-1} \left(\frac{x_{n-1}}{x_1} + \frac{x_1}{x_2} - 1 \right) + x_{n-2} \geqslant \frac{x_{n-1} x_1}{x_2} + \frac{x_{n-2} x_{n-1}}{x_1}, \quad (4)$$

即

$$\frac{x_{n-1}}{x_1}(x_{n-1} - x_{n-2}) \geqslant x_{n-1} - x_{n-2}, \tag{5}$$

(5)显然成立.

例 109 设自然数 $n > 3$, $x_1, x_2, \cdots, x_n$ 为正数,满足

$$x_1 x_2 \cdots x_n = 1, \tag{1}$$

证明:

$$\frac{1}{1 + x_1 + x_1 x_2} + \frac{1}{1 + x_2 + x_2 x_3} + \cdots + \frac{1}{1 + x_n + x_n x_1} > 1. \tag{2}$$

证明 先看看 $n = 3$ 的情况. 在

$$x_1 x_2 x_3 = 1 \tag{3}$$

时,

$$\frac{1}{1 + x_1 + x_1 x_2} + \frac{1}{1 + x_2 + x_2 x_3} + \frac{1}{1 + x_3 + x_3 x_1}$$

$$= \frac{1}{1 + x_1 + x_1 x_2} + \frac{x_1}{x_1 + x_1 x_2 + x_1 x_2 x_3}$$

$$\quad + \frac{x_1 x_2}{x_1 x_2 + x_1 x_2 x_3 + x_1 x_1 x_2 x_3}$$

$$= \frac{1}{1 + x_1 + x_1 x_2} + \frac{x_1}{x_1 + x_1 x_2 + 1} + \frac{x_1 x_2}{x_1 x_2 + 1 + x_1}$$

$$= 1. \tag{4}$$

即 $n = 3$ 时,(2)应改为等式.

设 $n > 3$,并且(2)在 n 换成 $n-1$ 时成立或者改为等式,则在(1)成立时,可设 $x_1, x_2, \cdots, x_n$ 中, x_n 最大,并且

$$\frac{1}{1 + x_1 + x_1 x_2} + \frac{1}{1 + x_2 + x_2 x_3}$$

$$+ \cdots + \frac{1}{1 + x_{n-2} + x_{n-2}x_{n-1}x_n} + \frac{1}{1 + x_{n-1}x_n + x_{n-1}x_nx_1}$$

$$\geqslant 1. \tag{5}$$

要证(2)成立,只需证

$$\frac{1}{1 + x_{n-2} + x_{n-2}x_{n-1}} + \frac{1}{1 + x_{n-1} + x_{n-1}x_n} + \frac{1}{1 + x_n + x_nx_1}$$

$$> \frac{1}{1 + x_{n-2} + x_{n-2}x_{n-1}x_n} + \frac{1}{1 + x_{n-1}x_n + x_{n-1}x_nx_1}, \tag{6}$$

即

$$\frac{1}{1 + x_n + x_nx_1} + \frac{x_{n-2}x_{n-1}(x_n - 1)}{(1 + x_{n-2} + x_{n-2}x_{n-1})(1 + x_{n-2} + x_{n-2}x_{n-1}x_n)}$$

$$> \frac{x_{n-1}(1 - x_nx_1)}{(1 + x_{n-1} + x_{n-1}x_n)(1 + x_{n-1}x_n + x_{n-1}x_nx_1)}. \tag{7}$$

因为 $x_1, x_2, \cdots, x_n$ 中, x_n 最大,所以 $x_n \geqslant 1$.

若 $x_nx_1 \geqslant 1$,则(7)显然成立. 若 $x_nx_1 < 1$,则

$$(1 + x_{n-1} + x_{n-1}x_n)(1 + x_{n-1}x_n + x_{n-1}x_nx_1)$$

$$> x_{n-1} + x_{n-1}x_n + x_{n-1}x_nx_1$$

$$= x_{n-1}(1 + x_n + x_nx_1)$$

$$> x_{n-1}(1 + x_n + x_nx_1)(1 - x_nx_1),$$

于是

$$\frac{1}{1 + x_n + x_nx_1}$$

$$+ \frac{x_{n-1}(1 - x_nx_1)}{(1 + x_{n-1} + x_{n-1}x_n)(1 + x_{n-1}x_n + x_{n-1}x_nx_1)} > 0, \tag{8}$$

更有(7)、(6)成立.

因此(2)对于 $n > 3$ 成立.

例 110　整数 $n \geqslant 3$,实数 $a_1, a_2, \cdots, a_n \in [2,3]$.求证:

$$\frac{a_1^2 + a_2^2 - a_3^2}{a_1 + a_2 - a_3} + \frac{a_2^2 + a_3^2 - a_4^2}{a_2 + a_3 - a_4} + \cdots + \frac{a_n^2 + a_1^2 - a_2^2}{a_n + a_1 - a_2}$$

$$\leqslant 2 \sum a_i - 2n. \tag{1}$$

证明　我们证明

$$a_1 + a_2 - \frac{a_1^2 + a_2^2 - a_3^2}{a_1 + a_2 - a_3} \geqslant 2. \tag{2}$$

将与(2)类似的 n 个式子相加即得(1).

$(2) \Longleftrightarrow 2(a_1 + a_2 - a_3)$

$$\leqslant (a_1 + a_2)^2 - a_3(a_1 + a_2) - (a_1^2 + a_2^2 - a_3^2), \tag{3}$$

即

$$a_3^2 - a_3(a_1 + a_2 - 2) + 2(a_1 a_2 - a_1 - a_2) \geqslant 0. \tag{4}$$

而 a_3 的二次函数 $a_3^2 - a_3(a_1 + a_2 - 2)$ 在 $a_3 \geqslant \dfrac{a_1 + a_2 - 2}{2}$

时递增,现在 $a_3 \geqslant 2, \dfrac{a_1 + a_2 - 2}{2} \leqslant \dfrac{3 + 3 - 2}{2} = 2$,所以

(4) 的左边 $\geqslant 4 - 2(a_1 + a_2 - 2) + 2(a_1 a_2 - a_1 - a_2)$

$$= 2(a_1 a_2 - 2a_1 - 2a_2 + 4)$$

$$= 2(a_1 - 2)(a_2 - 2) \geqslant 0.$$

例 111　m, n 为自然数,$x_i, y_i \in \mathbf{R}_+$,并且

$$x_i + y_i = 1 \quad (i = 1, 2, \cdots, n), \tag{1}$$

求证:

$$(1 - x_1 x_2 \cdots x_n)^m + (1 - y_1^m)(1 - y_2^m) \cdots (1 - y_n^m) \geqslant 1. \tag{2}$$

证明　对 n 用归纳法. $n = 1$ 时,

$$(1 - x_1)^m + 1 - y_1^m = y_1^m + 1 - y_1^m = 1.$$

$n = 2$ 时,要证

$$(1 - x_1 x_2)^m + (1 - y_1^m)(1 - y_2^m) \geqslant 1, \qquad (3)$$

即

$$(y_1 + y_2 - y_1 y_2)^m + (y_1 y_2)^m \geqslant y_1^m + y_2^m. \qquad (4)$$

更一般地,我们证明:在 $a \geqslant c \geqslant 0$, $b \geqslant c \geqslant 0$,并且

$$a + b = c + d \qquad (5)$$

时,

$$c^m + d^m \geqslant a^m + b^m. \qquad (6)$$

证明很容易.因为 $a \geqslant c$,所以

$$d = a + b - c \geqslant b,$$

$$\begin{aligned}
d^m - a^m &= (d - a)(d^{m-1} + d^{m-2}a + \cdots + da^{m-2} + a^{m-1}) \\
&= (b - c)(d^{m-1} + d^{m-2}a + \cdots + da^{m-2} + a^{m-1}) \\
&\geqslant (b - c)(b^{m-1} + b^{m-2}c + \cdots + bc^{m-2} + c^{m-1}) \\
&= b^m - c^m, \qquad (7)
\end{aligned}$$

即(6)成立.

由(1), $y_1, y_2 < 1$,所以 $y_1 y_2 \leqslant y_1$, $y_1 y_2 \leqslant y_2$,从而由(6)得到(4).

现在假设(2)在 n 换成 $n-1$ 时成立,即有

$$(1 - x_1 x_2 \cdots x_{n-1})^m \geqslant 1 - (1 - y_1^m)(1 - y_2^m) \cdots (1 - y_{n-1}^m), \qquad (8)$$

记 $x = x_1 x_2 \cdots x_{n-1} (\leqslant 1)$, $y = 1 - x$,则由(3),

$$\begin{aligned}
&(1 - x_1 x_2 \cdots x_n)^m \\
&= (1 - x x_n)^m \geqslant 1 - (1 - y^m)(1 - y_n^m) \\
&= y_n^m + y^m (1 - y_n^m) \\
&= y_n^m + (1 - x_1 x_2 \cdots x_{n-1})^m (1 - y_n^m)
\end{aligned}$$

$$\geqslant y_n^m + (1 - (1 - y_1^m)(1 - y_2^m)\cdots(1 - y_{n-1}^m))(1 - y_n^m)$$
$$= 1 - (1 - y_1^m)(1 - y_2^m)\cdots(1 - y_n^m),$$

即(2)对于 n 成立.

例 112　给定大于 1 的整数 m, n. 求所有正整数 k, 使得对任意正数 $a_1, a_2, \cdots, a_n$, 都有

$$\sum_{i=1}^{n} \frac{ki + \dfrac{k^2}{4}}{S_i} < m^2 \sum_{i=1}^{n} \frac{1}{a_i}, \tag{1}$$

其中 $S_i = a_1 + a_2 + \cdots + a_i (1 \leqslant i \leqslant n)$.

解　取 $n = 2, a_1 = 1, a_2$ 非常之大, 得

$$k + \frac{k^2}{4} \leqslant m^2 \tag{2}$$

$\left(\text{若 } k + \dfrac{k^2}{4} > m^2, \text{则取 } a_2 \text{ 很大, 使得}\right.$

$$\frac{m^2}{a_2} - \frac{2k + \dfrac{k^2}{4}}{1 + a_2} < k + \frac{k^2}{4} - m^2$$

便产生矛盾$\Big)$.

于是正整数 k 应满足不等式

$$k^2 + 4k \leqslant 4m^2. \tag{3}$$

显然 $k^2 + 4k > (k+1)^2 = k^2 + 2k + 1$, 所以大于 $k^2 + 4k$ 的平方数至少是 $(k+2)^2$. 由

$$(k + 2)^2 \leqslant 4m^2,$$

得

$$k \leqslant 2m - 2. \tag{4}$$

我们证明 $k \leqslant 2m - 2$ 时, (1)均成立. 这只要证明

$$\sum_{i=1}^{n} \frac{(2m-2)i + (m-1)^2}{S_i} < m^2 \sum_{i=1}^{n} \frac{1}{a_i} \qquad (5)$$

就可以了.

引理 设 A,B,C 为正数,则

$$\frac{(m+C)^2}{A+B} - \frac{C^2}{B} \leqslant \frac{m^2}{A}. \qquad (6)$$

证明 由 Cauchy 不等式

$$(A+B)\left(\frac{m^2}{A} + \frac{C^2}{B}\right) \geqslant (m+C)^2, \qquad (7)$$

(7)的两边同除以 $A+B$,再移项即得(6).

回到(5)的证明.

$$\begin{aligned}
(5) \text{ 的左边} &= \sum \frac{(m-1+i)^2 - i^2}{S_i} \\
&= \frac{m^2}{S_1} + \left(\frac{(m+1)^2}{S_2} - \frac{1}{S_1}\right) \\
&\quad + \cdots + \left(\frac{(m+n-1)^2}{S_n} - \frac{(n-1)^2}{S_{n-1}}\right) - \frac{n^2}{S_n} \\
&\leqslant \frac{m^2}{S_1} + \frac{m^2}{a_2} + \cdots + \frac{m^2}{a_n} - \frac{n^2}{S_n} \quad \text{(利用引理)} \\
&\leqslant m^2 \sum \frac{1}{a_i}.
\end{aligned}$$

这种问题应先取特殊的 n 与 $a_1, a_2, \cdots, a_n$,猜出 k,然后再证明相关的不等式成立.

例 113 设整数 $n > 1$. 实数 $a_1, a_2, \cdots, a_n$ 满足

$$a_1^2 + a_2^2 + \cdots + a_n^2 = n, \qquad (1)$$

求证:

$$\sum_{1 \leqslant i < j \leqslant n} \frac{1}{n - a_i a_j} \leqslant \frac{n}{2}. \qquad (2)$$

证明　本题是 2012 年亚太地区数学奥林匹克试题. 我国集训队曾做过此题, 但结果不甚理想. 其实本题只是例 57 的平凡的推广. 解法几乎完全相同.

令 $b_i = \dfrac{a_i}{\sqrt{n}}(1 \leqslant i \leqslant n)$, 则

$$b_1^2 + b_2^2 + \cdots + b_n^2 = 1, \tag{3}$$

往证

$$\sum_{1 \leqslant i < j \leqslant n} \frac{1}{1 - b_i b_j} \leqslant \frac{n^2}{2}. \tag{4}$$

显然可设 $b_i \neq 1(i = 1, 2, \cdots, n)$. 否则仅一个 $b_i = 1$, 其余均为 0, (4) 即 $\dfrac{n(n-1)}{2} \leqslant \dfrac{n^2}{2}$.

$$
\begin{aligned}
(4) \text{ 的左边} &= \mathrm{C}_n^2 + \sum_{1 \leqslant i < j \leqslant n} \frac{b_i b_j}{1 - b_i b_j} \\
&\leqslant \mathrm{C}_n^2 + \frac{1}{2} \sum_{1 \leqslant i < j \leqslant n} \frac{(b_i + b_j)^2}{(1 - b_i^2) + (1 - b_j^2)} \\
&\leqslant \mathrm{C}_n^2 + \frac{1}{2} \sum_{1 \leqslant i < j \leqslant n} \left(\frac{b_j^2}{1 - b_i^2} + \frac{b_i^2}{1 - b_j^2} \right)
\end{aligned}
$$

$$\left(\left(\frac{b_j^2}{1 - b_i^2} + \frac{b_i^2}{1 - b_j^2} \right) (1 - b_i^2 + 1 - b_j^2) \geqslant (b_i + b_j)^2 \right)$$

$$
\begin{aligned}
&= \mathrm{C}_n^2 + \frac{1}{2} \sum_{1 \leqslant i \leqslant n} \frac{1}{1 - b_i^2} \sum_{j \neq i} b_j^2 \\
&= \mathrm{C}_n^2 + \frac{1}{2} \sum_{1 \leqslant i \leqslant n} 1 \\
&= \frac{n^2}{2}.
\end{aligned}
$$

例 114 自然数 $n \geqslant 2$. 正实数

$$a_1 \geqslant a_2 \geqslant \cdots \geqslant a_n, \tag{1}$$

$$b_1 \geqslant b_2 \geqslant \cdots \geqslant b_n, \tag{2}$$

满足

$$a_1 a_2 \cdots a_n = b_1 b_2 \cdots b_n, \tag{3}$$

$$\sum_{1 \leqslant i < j \leqslant n} (a_i - a_j) \leqslant \sum_{1 \leqslant i < j \leqslant n} (b_i - b_j), \tag{4}$$

求证:

$$\sum_{i=1}^{n} a_i \leqslant (n-1) \sum_{i=1}^{n} b_i. \tag{5}$$

证明 先从简单的做起.

$n = 2$ 时, 因为

$$(a_1 + a_2)^2 - (a_1 - a_2)^2 = 4a_1 a_2 = 4b_1 b_2$$
$$= (b_1 + b_2)^2 - (b_1 - b_2)^2,$$

而 $0 < a_1 - a_2 \leqslant b_1 - b_2$, 所以

$$a_1 + a_2 \leqslant b_1 + b_2,$$

即这时 (5) 成立.

设 $n \geqslant 3$. 不妨设 $b_1 b_2 \cdots b_n = 1$.

若 $a_1 \leqslant n - 1$, 则

$$\sum_{i=1}^{n} a_i \leqslant n(n-1) = (n-1) \cdot n \sqrt[n]{b_1 b_2 \cdots b_n}$$

$$\leqslant (n-1) \sum_{i=1}^{n} b_i.$$

以下设 $a_1 > n - 1$. 因为

$$\sum_{1 \leqslant i < j \leqslant n} (a_i - a_j) \geqslant (a_1 - a_n) + (a_2 - a_n) + \cdots$$

$$+ (a_{n-1} - a_n) + (a_1 - a_{n-1})$$

$$= \sum_{i=1}^{n} a_i - na_n + (a_1 - a_{n-1}), \qquad (6)$$

$$\sum_{1 \leqslant i < j \leqslant n} (b_i - b_j) \leqslant (n-1)b_1 + (n-3)b_2 + (n-3)b_3$$

$$+ \cdots + (n-3)b_{n-1} - (n-1)b_n$$

$$\leqslant (n-1)\sum_{i=1}^{n} b_i - 2b_2 - 2(n-1)b_n, (7)$$

所以结合(4)得

$$\sum_{i=1}^{n} a_i - na_n + (a_1 - a_{n-1})$$

$$\leqslant (n-1)\sum_{i=1}^{n} b_i - 2b_2 - 2(n-1)b_n,$$

即

$$(n-1)\sum_{i=1}^{n} b_i - \sum_{i=1}^{n} a_i$$

$$\geqslant 2b_2 + 2(n-1)b_n + (a_1 - a_{n-1}) - na_n. \qquad (8)$$

若(8)的右边$\geqslant 0$,则(5)成立. 设

$$2b_2 + 2(n-1)b_n + (a_1 - a_{n-1}) - na_n < 0, \qquad (9)$$

则

$$na_n > 2b_2 + 2(n-1)b_n + a_1 - a_{n-1} \geqslant 2nb_n,$$

$$a_n \geqslant 2b_n, \qquad (10)$$

因为$a_1 \geqslant n-1, a_1 a_2 \cdots a_n = 1$,所以 $a_n < 1$,

$$a_1 - (n-1)a_n \geqslant n - 1 - (n-1) = 0. \qquad (11)$$

由(9)、(11),得

$$a_{n-1} + a_n > 2b_2,$$

所以

$$a_{n-1} > b_2, \tag{12}$$

结合(3)、(10)、(12),得

$$b_1 > 2a_1, \tag{13}$$

从而

$$(n-1)\sum_{i=1}^{n} b_i > (n-1)b_1 > 2(n-1)a_1 > na_1 > \sum_{i=1}^{n} a_i. \tag{14}$$

本题(5)中的 $n-1$ 不能改成 $n-2$. 例如

$$a_1 = a_2 = \cdots = a_{n-1} = h, \quad a_n = \frac{1}{h^{n-1}},$$

$$b_1 = k, \quad b_2 = \cdots = b_{n-1} = 1, \quad b_n = \frac{1}{k}.$$

其中 $h > n(n-2)$, $k = h + 1$,则本题条件均满足.但

$$\sum_{i=1}^{n} a_i > (n-1)h > (n-2)(k-1+n)$$

$$> (n-2)\left(k + n - 2 + \frac{1}{k}\right)$$

$$= (n-2)\sum_{i=1}^{n} b_i.$$

有人以为本题是"超级难题",其实分情况逐步去做,何难之有?

例 115　已知 n 个实数 $a_1 \leqslant a_2 \leqslant \cdots \leqslant a_n$. 令

$$x = \frac{1}{n}\sum a_i, \quad y = \frac{1}{n}\sum a_i^2,$$

求证:

$$2\sqrt{y - x^2} \leqslant a_n - a_1 \leqslant \sqrt{2n(y - x^2)}. \tag{1}$$

证明　本题不难.

$$n^2(y - x^2) = n \sum a_i^2 - \left(\sum a_i \right)^2 = \sum_{i<j} (a_i - a_j)^2, \quad (2)$$

(1)等价于两个不等式

$$4 \sum_{i<j} (a_i - a_j)^2 \leqslant n^2 (a_n - a_1)^2 \qquad (3)$$

与

$$n(a_n - a_1)^2 \leqslant 2 \sum_{i<j} (a_i - a_j)^2. \qquad (4)$$

先证(4).对于 $1 < i < n$,

$$2(a_n - a_i)^2 + 2(a_i - a_1)^2$$
$$\geqslant (a_n - a_i + a_i - a_1)^2 = (a_n - a_1)^2,$$

将这样的 $n - 2$ 个不等式($i = 2, 3, \cdots, n - 1$)相加,再加上 $2(a_n - a_1)^2$,得

$$n(a_n - a_1)^2 \leqslant 2 \sum_{i=1}^{n-1} ((a_n - a_i)^2 + (a_i - a_1)^2)$$

$$\leqslant 2 \sum_{i<j} (a_i - a_j)^2.$$

再证(3).为叙述简单起见,可用数学归纳法. $n = 2$ 时,(3)是等式. $n = 3$ 时,

$$(a_3 - a_1)^2 + (a_3 - a_2)^2 + (a_2 - a_1)^2$$

$$\leqslant (a_3 - a_1)^2 + (a_3 - a_2 + a_2 - a_1)^2$$

$$= 2(a_3 - a_1)^2 \leqslant \frac{9}{4}(a_3 - a_1)^2.$$

假设在 n 换成较小的数时,(3)成立.对于 n,

$$(a_n - a_1)^2 + \sum_{i=2}^{n-1} (a_n - a_i)^2 + \sum_{i=2}^{n-1} (a_i - a_1)^2$$

$$\leqslant (a_n - a_1)^2 + \sum_{i=2}^{n-1} (a_n - a_i + a_i - a_1)^2$$

$$= (n - 1)(a_n - a_1)^2. \tag{5}$$

又由归纳假设

$$\sum_{2 \leqslant i < j \leqslant n-1} (a_i - a_j)^2 \leqslant \frac{(n - 2)^2}{4} (a_{n-1} - a_2)^2$$

$$\leqslant \frac{(n - 2)^2}{4} (a_n - a_1)^2, \tag{6}$$

(5) + (6)得

$$\sum_{i < j} (a_i - a_j)^2 \leqslant \left(\frac{(n - 2)^2}{4} + n - 1 \right) (a_n - a_1)^2$$

$$= \frac{n^2}{4} (a_n - a_1)^2,$$

即(3)成立.

例 116 设 n 是正整数, x 是正实数. 求证:

$$\sum_{k=1}^{n} \frac{x^{k^2}}{k} \geqslant x^{\frac{1}{2} n(n+1)}. \tag{1}$$

证明 $x < 1$ 时, 显然 $x > x^{\frac{1}{2} n(n+1)}$. 以下设 $x \geqslant 1$.

$n = 1$ 时, (1)成为等式.

$n = 2$ 时, (1)即

$$2 + x^3 \geqslant 2x^2. \tag{2}$$

(2)的左边 $= 2 + \dfrac{x^3}{2} + \dfrac{x^3}{2} \geqslant 3x^2 \sqrt[3]{\dfrac{1}{2}} > 2x^2 = $ (2)的右边.

假设(1)对于 $n - 1$ 成立, 则只需证

$$x^{\frac{1}{2} n(n-1)} + \frac{x^{n^2}}{n} \geqslant x^{\frac{1}{2} n(n+1)}, \tag{3}$$

即

$$1 + \frac{1}{n} y^{n+1} \geqslant y^2, \tag{4}$$

其中 $y = x^{\frac{n}{2}}$.

函数 $f(y) = 1 + \dfrac{y^{n+1}}{n} - y^2$ 的导数

$$f'(y) = \frac{n+1}{n}y^n - 2y,$$

在 $[1, +\infty)$ 上有唯一的零点 $\left(\dfrac{2n}{n+1}\right)^{\frac{1}{n-1}}$,并且在这点左边为负,这点右边为正.因而这点也是 $f(y)$ 取最小值的点.所以

$$1 + \frac{y^{n+1}}{n} - y^2 \geqslant 1 + \left(\frac{2}{n+1} - 1\right)\left(\frac{2n}{n+1}\right)^{\frac{2}{n-1}}$$

$$= 1 - \frac{n-1}{n+1}\left(\frac{2n}{n+1}\right)^{\frac{2}{n-1}},$$

只需证 $n \geqslant 3$ 时,

$$\left(\frac{n+1}{n-1}\right)^{n-1} \geqslant 4\left(> \left(\frac{2n}{n+1}\right)^2\right). \tag{5}$$

$\left(\dfrac{n+1}{n-1}\right)^{n-1} = \left(1 + \dfrac{2}{n-1}\right)^{n-1}$ 在 $n = 3$ 时值为 4.在 $n \geqslant 3$ 时,由于

$$\left(1 + \frac{2}{m}\right)^m = 1 + 2 + \frac{1}{2}\left(1 - \frac{1}{m}\right)2^2 + \cdots$$

$$+ \frac{1}{k!}\left(1 - \frac{1}{m}\right)\left(1 - \frac{2}{m}\right)\cdots\left(1 - \frac{k-1}{m}\right)2^k + \cdots$$

是 m 的增函数,所以(5)成立.

评注 1 $\left(1 + \dfrac{1}{m}\right)^m$ 随 m 递增,趋向于 e $= 2.712828\cdots$,

$\left(1 + \dfrac{2}{m}\right)^m$ 随 m 递增,趋向于 e^2.

评注 2 涉及指数变化的问题,往往需要用微分学的知识,即利用导数.与其使用许多稀奇古怪的"初等技巧",不如堂堂正

正地利用导数.

例 117　设

$$0 < x_1 \leqslant \frac{x_2}{2} \leqslant \cdots \leqslant \frac{x_n}{n}, \tag{1}$$

$$0 < y_n \leqslant y_{n-1} \leqslant \cdots \leqslant y_1, \tag{2}$$

证明:

$$\left(\sum_{k=1}^{n} x_k y_k \right)^2 \leqslant \left(\sum_{k=1}^{n} y_k \right) \left(\sum_{k=1}^{n} \left(x_k^2 - \frac{1}{4} x_k x_{k-1} \right) y_k \right), \tag{3}$$

其中约定 $x_0 = 0$.

证明　条件(1)不太好. 如果改记 x_k 为 $k x_k (k = 0, 1, 2, \cdots, n)$, 那么(1)成为没有分母的式子

$$0 < x_1 \leqslant x_2 \leqslant \cdots \leqslant x_n, \tag{1'}$$

而要证的不等式(3)成为

$$\left(\sum_{k=1}^{n} k x_k y_k \right)^2$$

$$\leqslant \left(\sum_{k=1}^{n} y_k \right) \left(\sum_{k=1}^{n} \left(k^2 x_k^2 - \frac{1}{4} k(k-1) x_k x_{k-1} \right) y_k \right). \tag{4}$$

(4)的右边为什么既有 x_k, 又有 x_{k-1}? 式子很不好看. 笔者想加强为

$$\left(\sum_{k=1}^{n} k x_k y_k \right)^2 \leqslant \left(\sum_{k=1}^{n} y_k \right) \sum_{k=1}^{n} \frac{3k^2 + k}{4} x_k^2 y_k. \tag{5}$$

在 $y_1 = y_2 = \cdots = y_n, x_1 = x_2 = \cdots = x_n$ 时,

$$\left(\sum k \right)^2 = \frac{n^2 (n+1)^2}{4},$$

$$\sum \frac{3k^2 + k}{4} = \frac{3}{4} \times \frac{n(n+1)(2n+1)}{6} + \frac{1}{4} \times \frac{n(n+1)}{2}$$

$$= \frac{n(n+1)^2}{4},$$

(5)成为等式.因此(5)可能是正确的.我们先考虑 $y_1 = y_2 = \cdots = y_n$ 的情况,即证明

$$\left(\sum_{k=1}^{n} kx_k \right)^2 \leqslant n \sum_{k=1}^{n} \frac{3k^2 + k}{4} x_k^2. \tag{6}$$

用归纳法证明较好(避免(6)式左边展开有很多的项).

$n = 1$,(6)是等式.假设

$$\left(\sum_{k=1}^{n-1} kx_k \right)^2 \leqslant (n-1) \sum_{k=1}^{n-1} \frac{3k^2 + k}{4} x_k^2, \tag{7}$$

考虑 n 的情况,即往证

$$\left(\sum_{k=1}^{n} kx_k \right)^2 \leqslant n \sum_{k=1}^{n} \frac{3k^2 + k}{4} x_k^2, \tag{8}$$

与(7)比较,只需证

$$n^2 x_n^2 + 2nx_n \sum_{k=1}^{n-1} kx_k$$

$$\leqslant \sum_{k=1}^{n-1} \frac{3k^2 + k}{4} x_k^2 + n \cdot \frac{3n^2 + n}{4} x_n^2, \tag{9}$$

由于$\{x_k\}$递增,

$$2nkx_n x_k \leqslant nk(x_n^2 + x_k^2) \leqslant k^2 x_k^2 + (2nk - k^2)x_n^2, \tag{10}$$

所以(9)可由

$$n^2 x_n^2 + \sum_{k=1}^{n-1} (k^2 x_k^2 + (2nk - k^2)x_n^2)$$

$$\leqslant \sum_{k=1}^{n-1} \frac{3k^2 + k}{4} x_k^2 + \frac{n^2(3n+1)}{4} x_n^2 \tag{11}$$

推出.(11)即

$$\sum_{k=1}^{n-1} \frac{k^2 - k}{4} x_k^2 \leqslant \frac{3n^2(n-1)}{4} x_n^2 - \sum_{k=1}^{n-1} (2nk - k^2) x_n^2,$$

$$(12)$$

因为 $x_k^2 \leqslant x_n^2$,(12)又可由

$$\sum_{k=1}^{n-1} \frac{k^2 - k}{4} \leqslant \frac{3n^2(n-1)}{4} - \sum_{k=1}^{n-1} (2nk - k^2) \quad (13)$$

推出. 而(13)是等式(正好是 $x_1 = x_2 = \cdots = x_n$ 的情况).

于是(6)成立.

对于一般的 $\{y_k\}$,同样用归纳法. 只需证

$$n^2 x_n^2 y_n^2 + 2nx_n y_n \sum_{k=1}^{n-1} kx_k y_k$$

$$\leqslant y_n \cdot \sum_{k=1}^{n-1} \frac{3k^2 + k}{4} x_k^2 y_k$$

$$+ \left(\sum_{k=1}^{n} y_k \right) \cdot \frac{3n^2 + n}{4} x_n^2 y_n, \quad (14)$$

同样,由于(10),(14)可由

$$n^2 x_n^2 y_n^2 + y_n \sum_{k=1}^{n-1} (k^2 x_k^2 + (2nk - k^2) x_n^2) y_k$$

$$\leqslant y_n \sum_{k=1}^{n-1} \frac{3k^2 + k}{4} x_k^2 y_k + \left(\sum_{k=1}^{n} y_k \right) \cdot \frac{3n^2 + n}{4} x_n^2 y_n \quad (15)$$

推出.(15)即

$$\sum_{k=1}^{n-1} \frac{k^2 - k}{4} x_k^2 y_k$$

$$\leqslant \left(\left(\sum_{k=1}^{n} y_k \right) \cdot \frac{3n^2 + n}{4} - n^2 y_n - \sum_{k=1}^{n-1} (2nk - k^2) y_k \right) x_n^2$$

$$(16)$$

(16)又可由

$$\sum_{k=1}^{n-1} \frac{k^2 - k}{4} y_k \leqslant \sum_{k=1}^{n} y_k \cdot \frac{3n^2 + n}{4}$$

$$- n^2 y_n - \sum_{k=1}^{n-1} (2nk - k^2) y_k \qquad (17)$$

推出.(17)即

$$\sum_{k=1}^{n-1} \left(2nk - \frac{3k^2 + k}{4} \right) y_k \leqslant n \left(\sum_{k=1}^{n} y_k \cdot \frac{3n + 1}{4} - ny_n \right).$$

$$(18)$$

现在要将 y_k "分离"出来.

因为 k 的二次函数

$$2nk - \frac{3k^2 + k}{4} = \frac{-3k^2 + (8n - 1)k}{4}$$

在 $k \leqslant n$ 时递增,而 y_k 递减,所以

$$\sum_{k=1}^{n-1} \left(2nk - \frac{3k^2 + k}{4} \right) y_k$$

是逆序的和.由排序不等式

$$\sum_{k=1}^{n-1} \left(2nk - \frac{3k^2 + k}{4} \right) y_k$$

$$\leqslant \frac{1}{n-1} \sum_{k=1}^{n-1} y_k \cdot \sum_{k=1}^{n-1} \left(2nk - \frac{3k^2 + k}{4} \right). \qquad (19)$$

现在处理(18)的右边.希望它缩小以后也产生一个因子 $\frac{1}{n-1} \sum_{k=1}^{n-1} y_k$.注意 $y_1 = y_2 = \cdots = y_n = 1$ 时它的值是 $\frac{3n^2(n-1)}{4}$,我们希望

$$\sum_{k=1}^{n} y_k \cdot \frac{3n + 1}{4} - ny_n \geqslant \frac{1}{n-1} \sum_{k=1}^{n-1} y_k \cdot \frac{3n(n-1)}{4}. \quad (20)$$

这是很容易证明的:

(20) 的左边 $= \dfrac{3n}{4}\displaystyle\sum_{k=1}^{n-1} y_k + \dfrac{1}{4}\displaystyle\sum_{k=1}^{n-1} y_k - \dfrac{n-1}{4} y_n$

$\geqslant \dfrac{3n}{4}\displaystyle\sum_{k=1}^{n-1} y_k = $ 右边.

由 (19)、(20) 得知 (18) 可由

$$\sum_{k=1}^{n-1}\left(2nk - \dfrac{3k^2 + k}{4}\right) \leqslant \dfrac{3n^2(n-1)}{4} \tag{21}$$

推出. 而 (21) 即 (13), 是等式.

因此 (5) 成立. 原题随之成立.

美、经济等原则, 往往在解题中起着指导作用.

第 5 章　最大与最小

函数的极值(最大值与最小值)问题,与不等式关系密切.常常求出或猜出最大(小)值,然后证明函数的值小于(大于)这个最大(小)值.

例 118　二次函数 $f(x) = ax^2 + bx + c$ 满足条件:

(ⅰ) $a > 0$;

(ⅱ) $-\dfrac{b}{2a} \in [-2, 2]$;

(ⅲ) 在区间 $[-1, 1]$ 上, $|f(x)| \leqslant 1$,

求证 $f(x) \geqslant -\dfrac{5}{4}$. 求出最小值为 $-\dfrac{5}{4}$ 的函数 $f(x)$.

解　不妨设 $b \geqslant 0$, 否则将 x 换成 $-x$, b 换成 $-b$, 讨论函数 $f(-x)$.

因为(ⅲ),所以在 $-\dfrac{b}{2a} \in [-1, 1]$ 时, $f(x)$ 的最小值 $\geqslant -1$, 更有 $f(x) > -\dfrac{5}{4}$. 以下设

$$-2 \leqslant -\frac{b}{2a} < -1,$$

即

$$4a \geqslant b > 2a. \tag{1}$$

$f(x)$ 的最小值 $\dfrac{4ac - b^2}{4a} = c - \dfrac{b^2}{4a}$, 其中 $c = f(0) \geqslant -1$. 如

果 $-\dfrac{b^2}{4a} \geqslant -\dfrac{1}{4}$，那么 $f(x) \geqslant -1 - \dfrac{1}{4} = -\dfrac{5}{4}$．但

$$f(1) = a + b + c, \quad f(-1) = a - b + c, \tag{2}$$

所以

$$b = \frac{1}{2}(f(1) - f(-1)) \leqslant \frac{1}{2}(1 + 1) = 1, \tag{3}$$

然而这只能导出

$$-\frac{b^2}{4a} \geqslant -b \geqslant -1, \tag{4}$$

不能得到所期望的结果．为此将 $c = f(0)$ 改换为 $c - b + a = f(-1)$．这时 $f(x)$ 的最小值

$$\frac{4ac - b^2}{4a} = c - b + a - \frac{b^2 - 4ab + 4a^2}{4a}$$

$$= f(-1) - \frac{b^2 - 4ab + 4a^2}{4a}, \tag{5}$$

因为 $f(-1) \geqslant -1$，如果

$$-\frac{b^2 - 4ab + 4a^2}{4a} \geqslant -\frac{1}{4}, \tag{6}$$

那么就有 $f(x) \geqslant -\dfrac{5}{4}$．(6)即

$$b^2 - 4ab + 4a^2 \leqslant a. \tag{7}$$

　　因为(1)，$(b - 4a)(b - a) \leqslant 0$，即

$$b^2 - 4ab + 4a^2 \leqslant ab, \tag{8}$$

而由(3)，

$$ab \leqslant a, \tag{9}$$

所以(7)成立．从而 $f(x) \geqslant -\dfrac{5}{4}$．

　　等号成立的条件是

$$b = 1, \quad b = 4a, \quad f(-1) = a - b + c = -1,$$

从而 $a = \dfrac{1}{4}$, $c = -\dfrac{1}{4}$, $f(x) = \dfrac{1}{4}x^2 - x - \dfrac{1}{4}$.

上面的分析过程当然可用综合的写法简化, 但我们乐意写出探索的过程.

过程中, 我们用 $f(-1) = c - b + a$ 代替 $f(0) = c$, 而没有用 $f(1) = c + b + a$, 因为 $\dfrac{4ac - b^2}{4a} = c + b + a - \dfrac{b^2 + 4ab + 4a^2}{4a}$, $b^2 + 4ab + 4a^2$ 大于 $b^2 - 4ab + 4a^2$, 不能达到我们的目标.

如果 $f(-1)$ 还不能达到目标怎么办? 也许要考虑 $f\left(\dfrac{1}{2}\right)$ 或 $f\left(-\dfrac{1}{2}\right)$ 了. 不过, 现在目标业已实现, 就不用再折腾了.

例 119　设 x, y, z 是不全为 0 的实数, 求 $\dfrac{xy + 2yz}{x^2 + y^2 + z^2}$ 的最大值.

解　设最大值为 $\dfrac{1}{2A}$, 即恒有

$$\frac{xy + 2yz}{x^2 + y^2 + z^2} \leqslant \frac{1}{2A}, \tag{1}$$

并且等号能够成立.

(1) 即

$$x^2 + y^2 + z^2 - 2Axy - 4Ayz \geqslant 0. \tag{2}$$

(2) 的右边是 x, y, z 的二次形式, 可采用典型的配方方法得右边为

$$(x - Ay)^2 + (1 - A^2)y^2 + z^2 - 4Ayz$$

$$= (x - Ay)^2 + (z - 2Ay)^2 + (1 - 5A^2)y^2. \quad (3)$$

取 $x = Ay, z = 2Ay$，则(2)成为

$$(1 - 5A^2)y^2 \geqslant 0, \quad (4)$$

所以必有 $1 - 5A^2 \geqslant 0$，即

$$A \leqslant \frac{1}{\sqrt{5}}, \quad (5)$$

即所求最大值为 $\frac{1}{2A} = \frac{\sqrt{5}}{2}$，而且在

$$x = \frac{y}{\sqrt{5}}, \quad z = \frac{2}{\sqrt{5}}y, \quad y \text{ 任意（不为 0）}$$

时，取得最大值.

评注　不设最大值为 B，而设最大值为 $\frac{1}{2A}$，是为了配方的方便（平方项系数均为 1）.

例 120　已知 x, y, z 是正实数，满足

$$x^4 + y^4 + z^4 = 1, \quad (1)$$

求 $\dfrac{x^3}{1 - x^8} + \dfrac{y^3}{1 - y^8} + \dfrac{z^3}{1 - z^8}$ 的最小值.

解　在 $x = y = z = \dfrac{1}{\sqrt[4]{3}}$ 时，(1)成立，而

$$\frac{x^3}{1 - x^8} + \frac{y^3}{1 - y^8} + \frac{z^3}{1 - z^8} = \frac{9}{8}\sqrt[4]{3}. \quad (2)$$

如果能够证明

$$\frac{x^3}{1 - x^8} \geqslant Ax^4 \quad \left(A = \frac{9}{8}\sqrt[4]{3}\right) \quad (3)$$

等，那么

$$\sum \frac{x^3}{1 - x^8} \geqslant A \sum x^4 = A = \frac{9}{8} \sqrt[4]{3}, \qquad (4)$$

即所求最小值是 $\frac{9}{8} \sqrt[4]{3}$.

$$(3) \Leftrightarrow 1 \geqslant Ax(1 - x^8)$$
$$\Leftrightarrow 1 + Ax^9 \geqslant Ax, \qquad (5)$$

而由平均不等式

$$1 + Ax^9 = \frac{1}{8} + \frac{1}{8} + \cdots + \frac{1}{8} + Ax^9$$

$$\geqslant 9 \cdot \sqrt[9]{\left(\frac{1}{8}\right)^8 Ax^9}$$

$$= Ax. \qquad (6)$$

因此(5)成立.

能够有(3)这样的不等式,将 x, y, z 分开处理,问题就简单很多.

例 121　非负实数 $x_1, x_2, \cdots, x_n$ 满足条件

$$x_1 + x_2 + \cdots + x_n = 1, \qquad (1)$$

求 $\displaystyle\sum_{i=1}^{n} (x_i^4 - x_i^5)$ 的最大值.

解　如果 $x_1, x_2, \cdots, x_n$ 中至少有 3 个数非零,那么这 3 个数的和小于或等于 1,其中必有两个数的和小于或等于 $\frac{2}{3}$. 记它们为 $x, y, x \geqslant y$. 固定 $x + y$,考虑 x 的函数

$$x^4 - x^5 + y^4 - y^5.$$

它的导数(注意 y 对 x 的导数 $y' = -1$)

$$4x^3 - 5x^4 - 4y^3 + 5y^4$$

$$= (x - y)(4(x^2 + xy + y^2) - 5(x + y)(x^2 + y^2))$$

$$\geqslant (x - y)\left(4(x^2 + y^2) - 5(x^2 + y^2) \cdot \frac{2}{3}\right)$$

$$\geqslant 0, \tag{2}$$

因此 $x^4 - x^5 + y^4 - y^5$ 随 x 的增大而增大,直至 y 减小为 0.

于是可设 $x_1, x_2, \cdots, x_n$ 中只有 2 个数非零,仍记它们为 x, $y, x \geqslant y$,并且

$$x + y = 1. \tag{3}$$

这时

$$\sum_{i=1}^{n}(x_i^4 - x_i^5) = x^4 - x^5 + y^4 - y^5$$

$$= x^4 y + y^4 x$$

$$= xy(x^3 + y^3)$$

$$= xy(x^2 - xy + y^2)$$

$$= xy(1 - 3xy)$$

$$\leqslant \frac{1}{3}\left(\frac{3xy + 1 - 3xy}{2}\right)^2$$

$$= \frac{1}{12}. \tag{4}$$

在 x, y 满足方程组

$$\begin{cases} x + y = 1 \\ 6xy = 1 \end{cases}$$

时,(4) 中等号成立,即 $x_1 = \dfrac{3 + \sqrt{3}}{6}, x_2 = \dfrac{3 - \sqrt{3}}{6}$,其余 $x_i = 0(i = 3, 4, \cdots, n)$ 时,$\sum_{i=1}^{n}(x_i^4 - x_i^5)$ 取最大值 $\dfrac{1}{12}$.

这题先作"调整",将 $n - 2$ 个 x_i 调整为 0,化成 $n = 2$ 的情况.

例 122 设 n 为固定整数，$n \geqslant 2$.

（ⅰ）确定最小常数 c，使得不等式

$$\sum_{1 \leqslant i < j \leqslant n} x_i x_j (x_i^2 + x_j^2) \leqslant c \left(\sum_{1 \leqslant i \leqslant n} x_i \right)^4 \tag{1}$$

对所有非负数 $x_1, x_2, \cdots, x_n$ 都成立.

（ⅱ）对于这个常数 c，确定等号成立的条件.

解　$x_i (1 \leqslant i \leqslant n)$ 全为 0 时，(1) 永远成立. 设 x_i 不全为 0 $(1 \leqslant i \leqslant n)$，这时由于 (1) 的两边都是 4 次齐次式，可设

$$\sum_{1 \leqslant i \leqslant n} x_i = 1. \tag{2}$$

如果 $x_1, x_2, \cdots, x_n$ 中至少有 3 个数不是 0，则其中有 2 个数的和 $\leqslant \dfrac{2}{3}$. 设它们为 $x_1, x_2, x_1 \leqslant x_2$. 固定和 $x_1 + x_2 = a$.

$\sum\limits_{1 \leqslant i < j \leqslant n} x_i x_j (x_i^2 + x_j^2)$ 中与 x_1, x_2 有关的部分是

$$x_1 x_2 (x_1^2 + x_2^2) + \sum_{2 < i \leqslant n} x_1 x_i^3 + \sum_{2 < i \leqslant n} x_2 x_i^3 + \sum_{2 < i \leqslant n} x_i x_1^3 + \sum_{2 < i \leqslant n} x_i x_2^3$$

$$= x_1 x_2 (a^2 - 2 x_1 x_2) + a \sum_{2 < i \leqslant n} x_i^3 + (1 - a) a (a^2 - 3 x_1 x_2)$$

$$= - a (3(1 - a) - a) x_1 x_2 - 2 x_1^2 x_2^2 + a \sum_{2 < i \leqslant n} x_i^3 + a^3 (1 - a)$$

$$\leqslant a \sum_{2 < i \leqslant n} x_i^3 + a^3 (1 - a)$$

$$\left(3(1 - a) - a \geqslant 3 - 4 \times \frac{2}{3} = \frac{1}{3} > 0 \right), \tag{3}$$

所以可将 x_1, x_2 中一个调整为 0，另一个为 a，$\sum\limits_{1 \leqslant i < j \leqslant n} x_i x_j (x_i^2 + x_j^2)$ 增大.

于是,$x_1, x_2, \cdots, x_n$ 中至多两个非零,设它们为 $x, y, x + y = 1$.

$$\sum_{1 \leqslant i < j \leqslant n} x_i x_j (x_i^2 + x_j^2) = xy(x^2 + y^2) = xy(1 - 2xy) \leqslant \frac{1}{8}$$

$$(4)$$

在 $x = y = \frac{1}{2}$ 时,(4)中等号成立.

因此,c 的最小值为 $\frac{1}{8}$,在 $c = \frac{1}{8}$ 时,$x_1, x_2, \cdots, x_n$ 中,有两个相等,其余全为 0 时,(1)中等号成立.

本题与上一题解法相同.如果一种解法只用了一次,通常称为技巧.如果一种解法用了不止一次,那么就可以称为方法.上面的"调整"(将大多数 x_i 调整为 0),就可以称为"方法".

例 123 设整数 $n > 3$.非负实数 $a_1, a_2, \cdots, a_n$ 满足

$$a_1 + a_2 + \cdots + a_n = 2, \quad (1)$$

求 $\dfrac{a_1}{a_2^2 + 1} + \dfrac{a_2}{a_3^2 + 1} + \cdots + \dfrac{a_n}{a_1^2 + 1}$ 的最大值与最小值.

解 在 $a_1 = 2, a_2 = a_3 = \cdots = a_n = 0$ 时,

$$\frac{a_1}{a_2^2 + 1} + \frac{a_2}{a_3^2 + 1} + \cdots + \frac{a_n}{a_1^2 + 1} = 2,$$

又上式左边 $\leqslant a_1 + a_2 + \cdots + a_n = 2$,所以所求最大值为 2.

在求最小值时,当然希望能将分母去掉,但

$$a_i^2 + 1 \geqslant 2a_i,$$

$$\frac{1}{a_i^2 + 1} \leqslant \frac{1}{2a_i}.$$

不是指向最小值的方向.必须用 1 减去上式或上式的倍数,即

$$\frac{a_{i-1}}{a_i^2 + 1} = \left(1 - \frac{a_i^2}{a_i^2 + 1}\right)a_{i-1} \geqslant a_{i-1} - \frac{a_{i-1}a_i}{2}$$

才得到指向最小值方向的不等式

$$\sum_{i=2}^{n+1} \frac{a_{i-1}}{a_i^2 + 1} \geqslant \sum_{i=2}^{n+1} a_{i-1} - \frac{1}{2}\sum_{i=2}^{n+1} a_{i-1}a_i \quad (a_{n+1} = a_1)$$

$$= 2 - \frac{1}{2}\sum_{i=1}^{n} a_i a_{i+1}, \tag{2}$$

而在 n 为偶数,且 $n \geqslant 4$ 时,

$$4\sum_{i=1}^{n} a_i a_{i+1} \leqslant (a_1 + a_2 + \cdots + a_n)^2 - (a_1 - a_2 - \cdots - a_n)^2$$

$$\leqslant (a_1 + a_2 + \cdots + a_n)^2 = 4, \tag{3}$$

在 n 为奇数,且 $n \geqslant 5$ 时,由轮换性不妨设 $a_n \leqslant a_{n-1}$,则

$$4\sum_{i=1}^{n} a_i a_{i+1}$$

$$\leqslant 4(a_1 a_2 + a_2 a_3 + \cdots + a_{n-1}a_n + a_{n-1}a_1)$$

$$\leqslant (a_1 + a_2 + \cdots + a_n)^2 - (a_1 - a_2 + \cdots - a_{n-1} + a_n)^2$$

$$\leqslant (a_1 + a_2 + \cdots + a_n)^2 = 4, \tag{4}$$

因此

$$\sum_{i=1}^{n} a_i a_{i+1} \leqslant 1, \tag{5}$$

由(2)、(5)得

$$\frac{a_1}{a_2^2 + 1} + \frac{a_2}{a_3^2 + 1} + \cdots + \frac{a_n}{a_{n+1}^2 + 1} \geqslant 2 - \frac{1}{2} = \frac{3}{2}, \tag{6}$$

在 $a_1 = a_2 = 1, a_3 = a_4 = \cdots = a_n = 0$ 时,(6)为等式,即所求最小值为 $\frac{3}{2}$.

例 124　已知 x_1, x_2, x_3 为正实数,求

$$\frac{(1 + x_1)(1 + x_2)(1 + x_3)}{(1 + x_1)(1 + x_2) + (1 + x_2)(1 + x_3) + (1 + x_3)(1 + x_1)}$$

$$- \frac{x_1 x_2 x_3}{x_1 x_2 + x_2 x_3 + x_3 x_1} \tag{1}$$

的最小值.

解　在 $x_1 = x_2 = x_3$ 时,(1)式的值为

$$\frac{1 + x_1}{3} - \frac{x_1}{3} = \frac{1}{3}.$$

我们猜想 $\frac{1}{3}$ 就是(1)的最小值,即

$$\frac{(1 + x_1)(1 + x_2)(1 + x_3)}{(1 + x_1)(1 + x_2) + (1 + x_2)(1 + x_3) + (1 + x_3)(1 + x_1)}$$

$$- \frac{x_1 x_2 x_3}{x_1 x_2 + x_2 x_3 + x_3 x_1} \geqslant \frac{1}{3}. \tag{2}$$

取 $x_1 = 0$,(2)式左边为

$$\frac{(1 + x_2)(1 + x_3)}{(1 + x_2)(1 + x_3) + 1 + x_2 + 1 + x_3} = \frac{1}{1 + \dfrac{1}{1 + x_2} + \dfrac{1}{1 + x_3}}$$

$$\geqslant \frac{1}{1 + 1 + 1} = \frac{1}{3},$$

这就更使我们相信(2)是正确的.

不妨设 $x_1 \geqslant x_2 \geqslant x_3$. 我们有

$$\frac{(1 + x_1)(1 + x_2)(1 + x_3)}{\sum (1 + x_2)(1 + x_3)} - \frac{1}{3}$$

$$= \frac{\sum ((1 + x_1)(1 + x_2)(1 + x_3) - (1 + x_2)(1 + x_3))}{3 \sum (1 + x_2)(1 + x_3)}$$

$$= \frac{\sum x_1(1 + x_2)(1 + x_3)}{3\sum(1 + x_2)(1 + x_3)},$$

$$\frac{3x_1 x_2 x_3}{\sum x_2 x_3} = \sum \frac{x_2 x_3}{\sum x_2 x_3} \cdot x_1,$$

只需证

$$\sum \left[x_1 \cdot \frac{(1 + x_2)(1 + x_3)}{\sum(1 + x_2)(1 + x_3)} \right] \geqslant \sum \left[x_1 \cdot \frac{x_2 x_3}{\sum x_2 x_3} \right]. \quad (3)$$

(3)的左边是 x_1, x_2, x_3 的加权平均值,权为

$$A = \frac{(1 + x_2)(1 + x_3)}{\sum(1 + x_2)(1 + x_3)},$$

$$B = \frac{(1 + x_3)(1 + x_1)}{\sum(1 + x_2)(1 + x_3)},$$

$$C = \frac{(1 + x_1)(1 + x_2)}{\sum(1 + x_2)(1 + x_3)}.$$

(3)的右边也是 x_1, x_2, x_3 的加权平均值,权为

$$A' = \frac{x_2 x_3}{\sum x_2 x_3}, \quad B' = \frac{x_3 x_1}{\sum x_2 x_3}, \quad C' = \frac{x_1 x_2}{\sum x_2 x_3}.$$

因为 $A + B + C = 1 = A' + B' + C'$,所以

$$A + B - A' - B' = C' - C,$$

而

$$A - A' = \frac{(1 + x_2)(1 + x_3)}{\sum(1 + x_2)(1 + x_3)} - \frac{x_2 x_3}{\sum x_2 x_3}$$

$$= \frac{1}{1 + \dfrac{1 + x_1}{1 + x_2} + \dfrac{1 + x_1}{1 + x_3}} - \frac{1}{1 + \dfrac{x_1}{x_2} + \dfrac{x_1}{x_3}},$$

$$\frac{1+x_1}{1+x_2} + \frac{1+x_1}{1+x_3} - \frac{x_1}{x_2} - \frac{x_1}{x_3}$$

$$= \frac{x_2 - x_1}{(1+x_2)x_2} + \frac{x_3 - x_1}{(1+x_3)x_3} \leqslant 0,$$

所以

$$A - A' \geqslant 0,$$

同样

$$C' - C \geqslant 0,$$

所以

$$Ax_1 + Bx_2 + Cx_3 - (A'x_1 + B'x_2 + C'x_3)$$
$$= (A - A')x_1 + (B - B')x_2 + (C - C')x_3$$
$$\geqslant (A - A')x_2 + (B - B')x_2 + (C - C')x_3$$
$$= (A + B - A' - B')x_2 + (C - C')x_3$$
$$= (C' - C)x_2 - (C' - C)x_3$$
$$= (C' - C)(x_2 - x_3) \geqslant 0.$$

即(3)成立,(1)的最小值为 $\frac{1}{3}$.

又解　不妨设 $x_1 \geqslant x_2 \geqslant x_3$.(1)即

$$\frac{1}{\sum \dfrac{1}{1+x_1}} - \frac{1}{\sum \dfrac{1}{x_1}} = \frac{\sum \dfrac{1}{x_1(1+x_1)}}{\sum \dfrac{1}{1+x_1} \sum \dfrac{1}{x_1}}, \qquad (4)$$

要证的(2)即

$$3 \sum \frac{1}{x_1(1+x_1)} \geqslant \sum \frac{1}{x_1} \sum \frac{1}{1+x_1}. \qquad (5)$$

(5) 的左边减去右边 $= \sum \dfrac{1}{x_1} \left(\dfrac{2}{1+x_1} - \dfrac{1}{1+x_2} - \dfrac{1}{1+x_3} \right)$

$$\geqslant \dfrac{1}{x_2} \left(\dfrac{1}{1+x_1} + \dfrac{1}{1+x_2} - \dfrac{2}{1+x_3} \right)$$

$$+ \dfrac{1}{x_3} \left(\dfrac{2}{1+x_3} - \dfrac{1}{1+x_1} - \dfrac{1}{1+x_2} \right)$$

$$\geqslant \dfrac{1}{x_3} \left(\dfrac{1}{1+x_1} + \dfrac{1}{1+x_2} - \dfrac{2}{1+x_3} \right)$$

$$+ \dfrac{1}{x_3} \left(\dfrac{2}{1+x_3} - \dfrac{1}{1+x_1} - \dfrac{1}{1+x_2} \right)$$

$$= 0,$$

所以(5)成立.

又解比第一种解法简单.它是一位同学提供的(未能及时记下他的名字,抱歉).第一种解法是笔者做的,不够好,也写在这里,立此存照.说明当老师的未必就比学生高明.教学相长,集思广益,才能进步.

又解中的(5)是切比雪夫不等式的特例.

在两个数列 $a_1, a_2, \cdots, a_n$ 与 $b_1, b_2, \cdots, b_n$ 同序(即同为递增或递减)时,

$$n \sum a_i b_i \geqslant \sum a_i \sum b_i, \tag{6}$$

这称为切比雪夫不等式(证明不难,请同学自己证一证).

现在(5)中的 $a_i = \dfrac{1}{x_i}$, $b_i = \dfrac{1}{1+x_i}$,两者同序.

例 125　常数 $p, q \in (0,1)$, $p+q > 1$, $p^2 + q^2 \leqslant 1$.求函数

$$f(x) = (1-x) \sqrt{p^2 - x^2} + x \sqrt{q^2 - (1-x)^2}$$

$$(1 - q \leqslant x \leqslant p)$$

的最大值.

解　$f'(x) = -\sqrt{p^2 - x^2} - (1 - x) \cdot \dfrac{x}{\sqrt{p^2 - x^2}}$

$$+ \sqrt{q^2 - (1 - x)^2} + x \cdot \dfrac{1 - x}{\sqrt{q^2 - (1 - x)^2}}$$

$$= (\sqrt{q^2 - (1 - x)^2} - \sqrt{p^2 - x^2})$$

$$\cdot (\sqrt{p^2 - x^2}\sqrt{q^2 - (1 - x)^2} - x(1 - x))$$

$$\cdot \dfrac{1}{\sqrt{p^2 - x^2}\sqrt{q^2 - (1 - x)^2}},$$

于是 $f'(x) = 0$ 即

$$\sqrt{q^2 - (1 - x)^2} - \sqrt{p^2 - x^2} = 0, \tag{1}$$

或

$$\sqrt{p^2 - x^2}\,\sqrt{q^2 - (1 - x)^2} - x(1 - x) = 0. \tag{2}$$

由(1)得

$$x = \frac{1}{2}(p^2 - q^2 + 1), \tag{3}$$

由(2)得

$$x^2(p^2 + q^2) - 2p^2 x + p^2(1 - q^2) = 0, \tag{4}$$

因为

$$(2p^2)^2 - 4(p^2 + q^2)p^2(1 - q^2) \leqslant 4p^2 q^2(p^2 + q^2 - 1) \leqslant 0, \tag{5}$$

所以(4)仅在 $p^2 + q^2 = 1$ 时才有实数根,实数根为 $x = p^2$. 而这也包括在(3)中.

由于 $p > 1 - q > 0$,所以

$$\frac{1}{2}(p^2 - q^2 + 1) > \frac{1}{2}((1 - q)^2 - q^2 + 1) = 1 - q, \tag{6}$$

并且

$$\frac{1}{2}(p^2 - q^2 + 1) < \frac{1}{2}(p^2 + 1 - (1 - p)^2) = p. \quad (7)$$

因此 $x = \frac{1}{2}(p^2 - q^2 + 1)$ 是 $f'(x)$ 在区间 $(1 - q, p)$ 内的唯一的零点. $f(x)$ 在这点的值是(利用(1))

$$\sqrt{p^2 - \frac{1}{4}(p^2 - q^2 + 1)^2}$$

$$= \frac{1}{2}\sqrt{((1 + p)^2 - q^2)(q^2 - (1 - p)^2)}, \quad (8)$$

而

$$f(p) = p\sqrt{q^2 - (1 - p)^2}, \quad (9)$$

$$f(1 - q) = q\sqrt{p^2 - (1 - q)^2}. \quad (10)$$

因为 $p^2 + q^2 \leqslant 1$,所以

$$(1 + p)^2 - q^2 = 1 + 2p + p^2 - q^2 \geqslant 2p + 2p^2 > 4p^2,$$

$$f\left(\frac{1}{2}(p^2 - q^2 + 1)\right) > f(p),$$

又

$$f\left(\frac{1}{2}(p^2 - q^2 + 1)\right)$$

$$= \frac{1}{2}\sqrt{(1 + p + q)(1 + p - q)(q + 1 - p)(q + p - 1)}$$

$$= \frac{1}{2}\sqrt{(p^2 - (1 - q)^2)((1 + q)^2 - p^2)},$$

所以同样有

$$f\left(\frac{1}{2}(p^2 - q^2 + 1)\right) > f(1 - q).$$

因此 $f(x)$ 的最大值是 $f\left(\frac{1}{2}(p^2 - q^2 + 1)\right)$,即(8).

　　用导数求极值,是解决极值问题的康庄大道.此类问题还要在大学学习,我们不拟多谈.但应注意求出导数为 0 的点后,需将该处的函数值与边界值 $f(p),f(1-q)$ 比较.

　　例 126　$0\leqslant a,b,c\leqslant 1$.求

$$f(a,b,c) = \frac{a}{1+b+c} + \frac{b}{1+c+a} + \frac{c}{1+a+b}$$
$$+ (1-a)(1-b)(1-c) \qquad (1)$$

的最大值与最小值.

　　解　求最大值是一道美国竞赛题,不很难.

　　f 的最大值是 1.在 $a=b=c=1$ 时,$f=1$.另一方面,注意到

$$1 = \frac{a}{a+b+c} + \frac{b}{a+b+c} + \frac{c}{a+b+c}, \qquad (2)$$

所以

$$1 - f = \sum \left(\frac{a}{a+b+c} - \frac{a}{1+b+c} \right)$$
$$- \sum \frac{a}{a+b+c}(1-a)(1-b)(1-c)$$
$$= \sum \frac{a(1-a)}{(a+b+c)(1+b+c)}$$
$$\cdot (1 - (1+b+c)(1-b)(1-c)), \qquad (3)$$

于是要证 $1\geqslant f$,只需证

$$1 \geqslant (1+b+c)(1-b)(1-c) \qquad (4)$$

及两个类似的不等式.而

$$(1+b+c)(1-b)(1-c) = (1+b+c)(1-b-c+bc)$$
$$= 1 - (b+c)^2 + bc(1+b+c)$$
$$\leqslant 1 - 4bc + bc(1+b+c)$$

$$= 1 - bc(3 - b - c)$$

$$\leqslant 1, \tag{5}$$

所以(4)成立. 经轮换得到的另两个不等式也成立. 从而 f 的最大值为 1.

f 的最小值是 $\dfrac{7}{8}$. 在 $a = b = c = \dfrac{1}{2}$ 时, $f = \dfrac{7}{8}$.

不难猜到 f 的最小值是 $\dfrac{7}{8}$, 但证明却比较困难. 下面的解法是江苏常州中学陈翔同学给出的. 要点是瞄准"$a = b = c = \dfrac{1}{2}$ 时取得最小值 $\dfrac{7}{8}$"这一猜测, 对 f 进行恒等变形.

$$f = \sum \frac{a}{1 + b + c} + \frac{7}{8} + \left(\frac{1}{2} - a\right)\left(\frac{1}{2} - b\right)\left(\frac{1}{2} - c\right)$$

$$- \frac{3}{4}\sum a + \frac{1}{2}\sum ab$$

$$= \sum \frac{a}{1 + b + c}$$

$$\cdot \left(1 - \frac{3}{4}(1 + b + c) + \frac{1}{4}(1 + b + c)(b + c)\right)$$

$$+ \frac{7}{8} + \left(\frac{1}{2} - a\right)\left(\frac{1}{2} - b\right)\left(\frac{1}{2} - c\right)$$

$$= \sum \frac{a}{1 + b + c}\left(\frac{1}{4} - \frac{1}{2}(b + c) + \frac{1}{4}(b + c)^2\right)$$

$$+ \frac{7}{8} + \left(\frac{1}{2} - a\right)\left(\frac{1}{2} - b\right)\left(\frac{1}{2} - c\right)$$

$$= \sum \frac{a}{1 + b + c}\left(\frac{1 - b - c}{2}\right)^2$$

$$+ \left(\frac{1}{2} - a\right)\left(\frac{1}{2} - b\right)\left(\frac{1}{2} - c\right) + \frac{7}{8}$$

$$\geqslant \sum \frac{a}{1+b+c}\left|\left(\frac{1}{2}-b\right)\left(\frac{1}{2}-c\right)\right|$$

$$+\left(\frac{1}{2}-a\right)\left(\frac{1}{2}-b\right)\left(\frac{1}{2}-c\right)+\frac{7}{8},\tag{6}$$

f 是 a,b,c 的对称式. 不妨设 $a\geqslant b\geqslant c$.

若 $\frac{1}{2}\geqslant a$ 或 $b\geqslant\frac{1}{2}\geqslant c$,显然 $f\geqslant\frac{7}{8}$.

若 $a>\frac{1}{2}>b$,则

$$b+c<1,$$

$$f\geqslant\frac{a}{8}\left(\frac{1}{2}-b+\frac{1}{2}-c\right)^2-\left(a-\frac{1}{2}\right)\left(\frac{1}{2}-b\right)\left(\frac{1}{2}-c\right)+\frac{7}{8}$$

$$\geqslant\frac{a}{2}\cdot\left(\frac{1}{2}-b\right)\left(\frac{1}{2}-c\right)-\left(a-\frac{1}{2}\right)\left(\frac{1}{2}-b\right)\left(\frac{1}{2}-c\right)+\frac{7}{8}$$

$$>\frac{7}{8}.$$

若 $c>\frac{1}{2}$,则

$$f>\sum\frac{\left(a-\frac{1}{2}\right)\left(b-\frac{1}{2}\right)\left(c-\frac{1}{2}\right)}{1+b+c}$$

$$-\left(a-\frac{1}{2}\right)\left(b-\frac{1}{2}\right)\left(c-\frac{1}{2}\right)+\frac{7}{8}$$

$$\geqslant\frac{1}{3}\sum\left(a-\frac{1}{2}\right)\left(b-\frac{1}{2}\right)\left(c-\frac{1}{2}\right)$$

$$-\left(a-\frac{1}{2}\right)\left(b-\frac{1}{2}\right)\left(c-\frac{1}{2}\right)+\frac{7}{8}$$

$$=\frac{7}{8}.$$

于是,f 的最小值为 $\frac{7}{8}$.

（6）的第一步,将$(1-a)(1-b)(1-c)$变为 $\left(\dfrac{1}{2}-a\right)\left(\dfrac{1}{2}-b\right)\left(\dfrac{1}{2}-c\right)+\dfrac{7}{8}+\cdots$最为重要. 走出这步,正是因为"成竹(关于最小值的猜测)在胸".

例 127　$a,d\geqslant 0,b,c>0$,并且
$$b+c\geqslant a+d, \tag{1}$$

求$\dfrac{b}{c+d}+\dfrac{c}{a+b}$的最小值.

解　可以设(1)为等式,即
$$b+c=a+d, \tag{2}$$
否则增加a(或d)直至(2)成立.

先看看特殊情况.

在$d=0$(或$a=0$)时,
$$\frac{b}{c+d}+\frac{c}{a+b}=\frac{b}{c}+\frac{c}{2b+c}=\frac{2b+c}{2c}+\frac{c}{2b+c}-\frac{1}{2}$$
$$\geqslant 2\sqrt{\frac{1}{2}}-\frac{1}{2}=\sqrt{2}-\frac{1}{2}. \tag{3}$$

(3)中等号在$2b+c=\sqrt{2}c$,即$b=\dfrac{\sqrt{2}-1}{2}c$,$a=b+c=\dfrac{\sqrt{2}+1}{2}c$时取得.

在$d=a$时,$a=d=\dfrac{b+c}{2}$,
$$\frac{b}{c+d}+\frac{c}{a+b}$$
$$=\frac{2b}{3c+b}+\frac{2c}{3b+c}$$
$$=\frac{1}{4}\left(\frac{3(3b+c)-(3c+b)}{3c+b}+\frac{3(3c+b)-(3b+c)}{3b+c}\right)$$

$$= \frac{3}{4}\left(\frac{3b+c}{3c+b}+\frac{3c+b}{3b+c}\right)-\frac{1}{2}$$

$$\geqslant \frac{3}{4}\times 2-\frac{1}{2}=1>\sqrt{2}-\frac{1}{2}.$$

于是,有理由猜测$\sqrt{2}-\dfrac{1}{2}$是最小值. 当然还需要证明.

我们有

$$\frac{b}{c+d}+\frac{c}{a+b}$$

$$=\frac{b+a}{2(c+d)}+\frac{c+d}{a+b}-\frac{a-b}{2(c+d)}-\frac{d}{a+b}$$

$$\geqslant \sqrt{2}-\frac{a-b}{2(c+d)}-\frac{d}{a+b}$$

$$=\sqrt{2}-\frac{1}{2}+\frac{1}{2}-\frac{a-b}{2(c+d)}-\frac{d}{a+b}$$

$$=\sqrt{2}-\frac{1}{2}+\frac{d}{c+d}-\frac{d}{a+b}. \tag{4}$$

一路做来,瞄准着目标"$\sqrt{2}-\dfrac{1}{2}$",第一步就设法"挤出"一个

$\sqrt{2}$,然后再添出$-\dfrac{1}{2}$. 利用条件(2),$\dfrac{1}{2}-\dfrac{a-b}{2(c+d)}=\dfrac{d}{c+d}$. 最

后,只需要证明

$$\frac{d}{c+d}\geqslant \frac{d}{a+b}, \tag{5}$$

即

$$a+b\geqslant c+d. \tag{6}$$

这如何证明? 这不需要证明. 由于对称性,在将a,d互换,

同时b,c互换时,条件(2)及式子$\dfrac{b}{c+d}+\dfrac{c}{a+b}$均不改变. 因此,

不妨设(6)成立.

于是,所求最小值为 $\sqrt{2} - \dfrac{1}{2}$.

如果还有人不放心,那么在 $c + d \geqslant a + b$ 时,再如法炮制一遍:

$$\frac{b}{c + d} + \frac{c}{a + b}$$

$$= \frac{b + a}{c + d} + \frac{c + d}{2(a + b)} - \frac{d - c}{2(a + b)} - \frac{a}{c + d}$$

$$\geqslant \sqrt{2} - \frac{d - c}{2(a + b)} - \frac{a}{c + d}$$

$$= \sqrt{2} - \frac{1}{2} + \frac{1}{2} - \frac{d - c}{2(a + b)} - \frac{a}{c + d}$$

$$= \sqrt{2} - \frac{1}{2} + \frac{a}{a + b} - \frac{a}{c + d}$$

$$\geqslant \sqrt{2} - \frac{1}{2}, \tag{7}$$

与(4)完全相同,只是将字母 a, b 互换, b, c 互换.

(2)、(6)都是为了解题方便,我们自己增加的条件.(2)很早就写了出来.(6)到需要时方才出现,好似天上落下的馅饼,其实却是一支埋伏的奇兵.关键时刻,"铁骑突出刀枪鸣".

(7)的推导是没有必要的.

解题高手的高明就在于善于给自己增加条件,而不是不断给自己设置障碍.

例 128 整数 $n \geqslant 2$. $x_1, x_2, \cdots, x_n$ 满足

$$x_1^3 + x_2^3 + \cdots + x_n^3 \leqslant 7n, \tag{1}$$

对以下两种情况:

（ⅰ）$x_1, x_2, \cdots, x_n \in \mathbf{N}$,

（ⅱ）$x_1, x_2, \cdots, x_n \in \mathbf{Z}$,

分别求 $x_1 + x_2 + \cdots + x_n$ 的最大值.

解　（ⅰ）满足(1)的 $x_1, x_2, \cdots, x_n (\in \mathbf{N})$，仅有有限多组. 因此

$$s = x_1 + x_2 + \cdots + x_n \tag{2}$$

的最大值存在.

不妨设(2)中的 $x_i (i = 1, 2, \cdots, n)$已使 s 达到最大.

如果 $x_2 - x_1 > 1$，那么将 x_1, x_2 换成 $x_1 + 1, x_2 - 1$，这时 s 不变,而

$(x_1 + 1)^3 + (x_2 - 1)^3$

$= x_1^3 + x_2^3 - 3x_2^2 + 3x_1^2 + 3x_1 + 3x_2$

$= x_1^3 + x_2^3 - 3(x_1 + x_2)(x_2 - x_1 - 1) < x_1^3 + x_2^3, \tag{3}$

所以条件(1)仍然满足.

因此可设(2)中 $x_i (1 \leqslant i \leqslant n)$之间的差至多为 1，即其中 k 个为 x, h 个为 $x + 1$, $h + k = n$,这时

$$\sum x_i^3 = kx^3 + h(x+1)^3 \leqslant 7n, \tag{4}$$

$$s = kx + h(x+1) = nx + h. \tag{5}$$

由(4)，$kx^3 + hx^3 = nx^3 \leqslant 7n$,所以 $x = 1$.(4)成为

$$k + 8h = n + 7h < 7n, \tag{6}$$

从而($[x]$表示 x 的整数部分)

$$h = \left[\frac{6}{7}n\right]. \tag{7}$$

s 的最大值为 $n + \left[\frac{6}{7}n\right]$.

（ⅱ）先看 $n = 2$ 的情况.

如果 x_1, x_2 为正，那么上面已经说过 $s = x_1 + x_2 \leqslant 3$，在 $x_1 = 1, x_2 = 2$ 时，等号成立.

如果 x_1, x_2 全非正数，那么 $s \leqslant 0$.

如果 x_1, x_2 中恰有一个正数，那么

$$14 \geqslant x_1^3 + x_2^3 = (x_1 + x_2)(x_1^2 - x_1 x_2 + x_2^2) \geqslant (x_1 + x_2)^3,$$
$$s = x_1 + x_2 < 3.$$

所以 s 的最大值为 3.

再看 $n \geqslant 3$ 的情况.

取 $x_1 = x_2 = \cdots = x_{n-1} = k \in \mathbf{N}, x_n = -h \in \mathbf{Z}$，这里 h 满足

$$h^3 \geqslant (n-1)k^3, \tag{8}$$

并且是满足(8)的最小的正整数. 所以

$$h \leqslant \sqrt[3]{n-1}k + 1. \tag{9}$$

这时 $x_1^3 + x_2^3 + \cdots + x_{n-1}^3 + x_n^3 = (n-1)k^3 - h^3 \leqslant 0 < 7n$，而

$$
\begin{aligned}
S &= x_1 + x_2 + \cdots + x_{n-1} + x_n \\
&= (n-1)k - h \\
&\geqslant ((n-1) - \sqrt[3]{n-1})k - 1 \\
&\geqslant (2 - \sqrt[3]{2})k - 1, \tag{10}
\end{aligned}
$$

随 $k \rightarrow +\infty, s \rightarrow +\infty$.

因此，这时 s 没有最大值.

例 129 设正数 a, b, c, x, y, z 满足

$$cy + bz = a,$$
$$az + cx = b,$$

$$bx + ay = c, \tag{1}$$

求函数

$$f(x, y, z) = \frac{x^2}{1 + x} + \frac{y^2}{1 + y} + \frac{z^2}{1 + z} \tag{2}$$

的最小值.

这是 2005 年全国高中数学联赛加试第二题.

题中 x, y, z 当然表示变数. a, b, c, 习惯上代表常数, 这里用作变数, 又未声明, 不很妥当. 宜将"正数"改为"正变数", 多添一字就不会有歧义了.

由已知的方程组(1), 不难解出

$$x = \frac{b^2 + c^2 - a^2}{2bc}, \quad y = \frac{c^2 + a^2 - b^2}{2ca}, \quad z = \frac{a^2 + b^2 - c^2}{2ab}. \tag{3}$$

浙江嘉兴一中吴京同学采用下面的解法(比采用三角代换的标准解答简单): 由 Cauchy 不等式

$$\frac{x_1^2}{y_1} + \frac{x_2^2}{y_2} + \frac{x_3^2}{y_3} \geqslant \frac{(x_1 + x_2 + x_3)^2}{y_1 + y_2 + y_3},$$

其中 $x_1, x_2, x_3, y_1, y_2, y_3 > 0$.

所以

$f(x, y, z)$

$$= \frac{(b^2 + c^2 - a^2)^2}{2bc(b + c - a)(a + b + c)}$$

$$+ \frac{(a^2 + c^2 - b^2)^2}{2ac(a + c - b)(a + b + c)}$$

$$+ \frac{(a^2 + b^2 - c^2)^2}{2ab(a + b - c)(a + b + c)}$$

$$\geqslant (b^2 + c^2 + a^2)^2 \div 2(a + b + c)$$

$$\cdot (bc^2 + b^2c + a^2c + ac^2 + b^2a + ba^2 - 3abc)$$

$$= \frac{1}{2} \cdot (a^4 + b^4 + c^4 + 2a^2b^2 + 2b^2c^2 + 2c^2a^2)$$

$$\div (2a^2b^2 + 2b^2c^2 + 2c^2a^2 + a^3b + a^3c + b^3a + b^3c$$

$$+ c^3a + c^3b - abc(a + b + c))$$

要证明

$$\frac{1}{2} \cdot (a^4 + b^4 + c^4 + 2a^2b^2 + 2b^2c^2 + 2c^2a^2)$$

$$\div (2a^2b^2 + 2b^2c^2 + 2c^2a^2 + a^3b + a^3c$$

$$+ b^3a + b^3c + c^3a + c^3b - abc(a + b + c))$$

$$\geqslant \frac{1}{2},$$

只要证明

$$a^4 + b^4 + c^4$$

$$\geqslant a^3b + a^3c + b^3a + b^3c + c^3a + c^3b - abc(a + b + c),$$

亦即

$$a^2(a - b)(a - c) + b^2(b - a)(b - c) + c^2(c - a)(c - b)$$

$$\geqslant 0. \tag{4}$$

不妨设 $a \geqslant b \geqslant c$,则

$$a - c \geqslant b - c, \quad c^2(c - a)(c - b) \geqslant 0,$$

又有

$$a^2(a - b)(a - c) + b^2(b - a)(b - c)$$

$$\geqslant a^2(a - b)(b - c) + b^2(b - a)(b - c)$$

$$= (a - b)(b - c)(a^2 - b^2)$$

$$\geqslant 0,$$

故(4)成立,$f(x, y, z) \geqslant \frac{1}{2}$. 由上面的证明过程可知当且仅当

$a = b = c , x = y = z = \dfrac{1}{2}$ 时取到等号,故 $f(x,y,z)$ 的最小值

为 $\dfrac{1}{2}$.

例 130　已知

$$\frac{1}{2} \leqslant a , b , c , d \leqslant 2, \tag{1}$$

并且

$$abcd = 1. \tag{2}$$

求 $\left(a + \dfrac{1}{b} \right)\left(b + \dfrac{1}{c} \right)\left(c + \dfrac{1}{d} \right)\left(d + \dfrac{1}{a} \right)$ 的最大值.

解　先猜一猜最大值是多少. 在

$$a = b = c = d = 1 \tag{3}$$

时,

$$\left(a + \frac{1}{b} \right)\left(b + \frac{1}{c} \right)\left(c + \frac{1}{d} \right)\left(d + \frac{1}{a} \right) = 16, \tag{4}$$

而在

$$a = b = 2, \quad c = d = \frac{1}{2}, \tag{5}$$

$$\left(a + \frac{1}{b} \right)\left(b + \frac{1}{c} \right)\left(c + \frac{1}{d} \right)\left(d + \frac{1}{a} \right) = 25. \tag{6}$$

因此,我们猜想最大值是 25. 即需要证明

$$\left(a + \frac{1}{b} \right)\left(b + \frac{1}{c} \right)\left(c + \frac{1}{d} \right)\left(d + \frac{1}{a} \right) \leqslant 25. \tag{7}$$

为此,将左边展开得

$$\left(a + \frac{1}{b} \right)\left(b + \frac{1}{c} \right)\left(c + \frac{1}{d} \right)\left(d + \frac{1}{a} \right)$$

$$= abcd + \frac{1}{abcd} + ac \times \frac{1}{ac} + bd \times \frac{1}{bd}$$

$$+ ab + bc + cd + da$$

$$+ \frac{1}{ab} + \frac{1}{bc} + \frac{1}{cd} + \frac{1}{da}$$

$$+ \frac{b}{d} + \frac{c}{a} + \frac{d}{b} + \frac{a}{c}, \tag{8}$$

其中前 4 项均为 1.

在区间 $(0, +\infty)$ 上,对于正的常数 A, B,函数 $Ax + \dfrac{B}{x}$ 先减后增,在 $x = \sqrt{\dfrac{B}{A}}$ 时,取最小值,是一个"单谷函数"（最简单的证法是求导数:

$$\left(Ax + \frac{B}{x} \right)' = A - \frac{B}{x^2}.$$

在 $0 < x < \sqrt{\dfrac{B}{A}}$ 时,导数小于 0,函数递减,而在 $\sqrt{\dfrac{B}{A}} < x$ 时,导数大于 0,函数递增. 在 $x = \sqrt{\dfrac{B}{A}}$ 时,导数等于 0,函数取最小值）.

因此对于任一区间 $[K, h] \subseteq (0, +\infty)$,$Ax + \dfrac{B}{x}$ 在 $x = K$ 或 $x = h$ 时,取最大值.

由于 $\dfrac{1}{4} \leqslant \dfrac{b}{d} \leqslant 4$,所以

$$\frac{b}{d} + \frac{d}{b} \leqslant 4 + \frac{1}{4}, \tag{9}$$

同理

$$\frac{c}{a} + \frac{a}{c} \leqslant 4 + \frac{1}{4}. \tag{10}$$

记

$$s = ab + bc + cd + da = \frac{1}{cd} + \frac{1}{da} + \frac{1}{ab} + \frac{1}{bc}, \quad (11)$$

则由(8)、(9)、(10),要证(7)只要证明

$$s \leqslant \frac{25}{4}. \quad (12)$$

从上面的(8)与(11)还可以看出 b 与 d 可以互换,a 与 c 可以互换,而 b,d 又可以与 a,c 互换.因此,不妨设

$$bd \geqslant 1 \quad (ac \leqslant 1), \quad b \geqslant d. \quad (13)$$

固定 a,c,这时 b 的单谷函数

$$s = b(a + c) + \frac{1}{b}\left(\frac{1}{a} + \frac{1}{c}\right)$$

在 $[d,2]$ 上递增:导数

$$a + c - \frac{1}{b^2}\left(\frac{1}{a} + \frac{1}{c}\right) = a + c - \frac{a + c}{b^2 \cdot ac} \geqslant a + c - \frac{a + c}{abcd} = 0.$$

所以在区间 $[d,2]$ 的右端点处取最大值,即

$$s \leqslant 2(a + c) + \frac{1}{2}\left(\frac{1}{a} + \frac{1}{c}\right). \quad (14)$$

固定 c,$2(a + c) + \frac{1}{2}\left(\frac{1}{a} + \frac{1}{c}\right)$ 作为 a 的函数,随 a 递增,导数

$$2 - \frac{1}{2} \cdot \frac{1}{a^2} \geqslant 2 - \frac{1}{2} \cdot \left(\frac{1}{2}\right)^{-2} = 0.$$

所以在区间 $\left[\frac{1}{2}, \frac{1}{c}\right]$ 的右端点处取最大值,即

$$s \leqslant 2\left(\frac{1}{c} + c\right) + \frac{1}{2}\left(c + \frac{1}{c}\right) = \frac{5}{2}\left(c + \frac{1}{c}\right). \quad (15)$$

单谷函数 $c + \frac{1}{c}$ 的区间 $\left[\frac{1}{2}, 2\right]$ 上的最大值为 $2\frac{1}{2}$,所以由

(15),$s \leqslant \dfrac{25}{4}$,即(12)成立.从而(6)成立.所求最大值为 25.

上面的方法"调整",前面已经说过,即对于多个自变量的函数,先固定其他自变量,只考虑一个自变量,将它调整到理想的值;然后再对少了一个自变量的函数继续调整,直到得出最终结果.

(11)中的 s 是 3 个自变量的函数(由于 $abcd = 1$,所以实际的自变量不是 4 个,而是 3 个).我们先固定 a,c,将 b 调成 2.再对两个自变量的函数,也就是(14)的右边进行调整.固定 c,将 a 调成 $\dfrac{1}{c}$$\Big($注意限制 $ac \leqslant 1$,所以不能将 a 调成 2,而只能调成 $\dfrac{1}{c}\Big)$,最后再将 c 调成 2 或 $\dfrac{1}{2}$.

利用导数来判断函数的增减是行之有效的常用方法.

不难看出

$$\left(a + \frac{1}{b}\right)\left(b + \frac{1}{c}\right)\left(c + \frac{1}{d}\right)\left(d + \frac{1}{a}\right)$$

$$\geqslant \left(2\sqrt{a \cdot \frac{1}{b}}\right)\left(2\sqrt{b \cdot \frac{1}{c}}\right)\left(2\sqrt{c \cdot \frac{1}{d}}\right)\left(2\sqrt{d \cdot \frac{1}{a}}\right)$$

$$= 16,$$

所以 16 是 $\left(a + \dfrac{1}{b}\right)\left(b + \dfrac{1}{c}\right)\left(c + \dfrac{1}{d}\right)\left(d + \dfrac{1}{a}\right)$ 的最小值.

又解 在浙江奥数网 2008 夏冬营中,一位同学(很遗憾,没有记下他的名字)给出如下的优雅解法:由于 $abcd = 1$,

$$\left(a + \frac{1}{b}\right)\left(c + \frac{1}{d}\right) = 2ac + \frac{a}{d} + \frac{c}{b}$$

$$= \left(\sqrt{\frac{a}{d}} + \sqrt{\frac{c}{b}}\right)^2,$$

$$\left(b + \frac{1}{c}\right)\left(d + \frac{1}{a}\right) = \left(\sqrt{\frac{b}{a}} + \sqrt{\frac{d}{c}}\right)^2,$$

所以

$$\left(a + \frac{1}{b}\right)\left(b + \frac{1}{c}\right)\left(c + \frac{1}{d}\right)\left(d + \frac{1}{a}\right)$$

$$= \left(\sqrt{\frac{a}{d}} + \sqrt{\frac{c}{b}}\right)^2\left(\sqrt{\frac{b}{a}} + \sqrt{\frac{d}{c}}\right)^2$$

$$= \left(\sqrt{\frac{a}{c}} + \sqrt{\frac{c}{a}} + \sqrt{\frac{b}{d}} + \sqrt{\frac{d}{b}}\right)^2$$

$$\leqslant \left(2 + \frac{1}{2} + 2 + \frac{1}{2}\right)^2$$

$$= 25.$$

其中利用了单谷函数

$$y = x + \frac{1}{x}$$

在 $\left[\frac{1}{2}, 2\right]$ 上的最大值是 $2 + \frac{1}{2}$ $\left(\text{将} \sqrt{\frac{a}{c}} \text{或} \sqrt{\frac{d}{b}} \text{当作} x\right).$

这解法比前一种简单得多. 但前一种也有存在的价值, 因为它再次介绍了这种行之有效的方法——调整.

例 131 设 m, n 都是大于 1 的整数. a_{ij} ($i = 1, 2, \cdots, m$; $j = 1, 2, \cdots, n$) 是不全为 0 的 mn 个非负实数. 求

$$f = \frac{m \sum_{i=1}^{m}\left(\sum_{j=1}^{n} a_{ij}\right)^2 + n \sum_{j=1}^{n}\left(\sum_{i=1}^{m} a_{ij}\right)^2}{\left(\sum_{i=1}^{m}\sum_{j=1}^{n} a_{ij}\right)^2 + mn \sum_{i=1}^{m}\sum_{j=1}^{n} a_{ij}^2}$$

的最大值和最小值.

解 首先用一些特殊的 a_{ij} 代入, 猜一猜 f 的最大值和最小值. 设 $m \geqslant n$.

在所有 $a_{ij}=1$ 时, $f=1$. 在

$$a_{11}=a_{22}=\cdots=a_{nn}=1,\quad a_{ij}=0\ (i\neq j)$$

时, $f=\dfrac{mn+n^2}{n^2+mn^2}=\dfrac{m+n}{n(m+1)}.$

在 $a_{11}=1$, 其余 $a_{ij}=0$ 时, $f=\dfrac{m+n}{1+mn}.$

比较这 3 个值, 可以猜想最大值为 1, 最小值为 $\dfrac{m+n}{n(m+1)}.$

由 Lagrange 恒等式(注),

$$\Big(\sum_{i=1}^{m}\sum_{j=1}^{n}a_{ij}\Big)^2+mn\sum_{i=1}^{m}\sum_{j=1}^{n}a_{ij}^2-m\sum_{i=1}^{m}\Big(\sum_{j=1}^{n}a_{ij}\Big)^2$$

$$-n\sum_{j=1}^{n}\Big(\sum_{i=1}^{m}a_{ij}\Big)^2$$

$$=m\sum_{i=1}^{m}\Big(n\sum_{j=1}^{n}a_{ij}^2-\Big(\sum_{j=1}^{n}a_{ij}\Big)^2\Big)-\Big(n\sum_{j=1}^{n}\Big(\sum_{i=1}^{m}a_{ij}\Big)^2\Big)$$

$$-\Big(\sum_{j=1}^{n}\Big(\sum_{i=1}^{m}a_{ij}\Big)^2\Big)$$

$$=m\sum_{i=1}^{m}\sum_{j<k}(a_{ij}-a_{ik})^2-\sum_{j<k}\Big(\sum_{i=1}^{m}a_{ij}-\sum_{i=1}^{m}a_{ik}\Big)^2$$

$$=\sum_{j<k}\Big(m\sum_{i=1}^{m}(a_{ij}-a_{ik})^2-\Big(\sum_{i=1}^{m}(a_{ij}-a_{ik})\Big)^2\Big)$$

$$=\sum_{j<k}\sum_{j<h}(a_{ij}-a_{ik}-a_{hj}+a_{hk})^2\geqslant 0,$$

所以 $f\leqslant 1$, 即 1 为 f 的最大值.

另一方面, 设法将 f 的分子、分母中的求和都变成相同的, 然后约去, 即

$$f \geqslant \frac{m \sum\limits_{i=1}^{m} \left(\sum\limits_{j=1}^{n} a_{ij} \right)^2 + n \sum\limits_{j=1}^{n} \left(\sum\limits_{i=1}^{m} a_{ij} \right)^2}{n \cdot \sum\limits_{j=1}^{n} \left(\sum\limits_{i=1}^{m} a_{ij} \right)^2 + mn \sum\limits_{i=1}^{m} \sum\limits_{j=1}^{n} a_{ij}^2}$$

$$\geqslant \frac{m \sum\limits_{i=1}^{m} \sum\limits_{j=1}^{n} a_{ij}^2 + n \sum\limits_{j=1}^{n} \left(\sum\limits_{i=1}^{m} a_{ij} \right)^2}{n \sum\limits_{j=1}^{n} \left(\sum\limits_{i=1}^{m} a_{ij} \right)^2 + mn \sum\limits_{i=1}^{m} \sum\limits_{j=1}^{n} a_{ij}^2}$$

$$= 1 - \frac{mn \sum\limits_{i=1}^{m} \sum\limits_{j=1}^{n} a_{ij}^2 - m \sum\limits_{i=1}^{m} \sum\limits_{j=1}^{n} a_{ij}^2}{n \sum\limits_{j=1}^{n} \left(\sum\limits_{i=1}^{m} a_{ij} \right)^2 + mn \sum\limits_{i=1}^{m} \sum\limits_{j=1}^{n} a_{ij}^2}$$

$$\geqslant 1 - \frac{mn \sum\limits_{i=1}^{m} \sum\limits_{j=1}^{n} a_{ij}^2 - m \sum\limits_{i=1}^{m} \sum\limits_{j=1}^{n} a_{ij}^2}{n \cdot \sum\limits_{j=1}^{n} \sum\limits_{i=1}^{m} a_{ij}^2 + mn \sum\limits_{i=1}^{m} \sum\limits_{j=1}^{n} a_{ij}^2}$$

$$= 1 - \frac{mn - m}{n + mn} = \frac{m + n}{n(m + 1)},$$

所以 f 的最小值为 $\dfrac{m + n}{n(m + 1)}$.

注　Lagrange 恒等式即

$$\sum_{i=1}^{n} a_i^2 \cdot \sum_{i=1}^{n} b_i^2 - \left(\sum_{i=1}^{n} a_i b_i \right)^2 = \sum_{1 \leqslant i < j \leqslant n} (a_i b_j - a_j b_i)^2.$$